军用侦察装备

瀚鼎文化工作室◎编著

航空工业出版社

北京

内 容 提 要

在战争年代,能够掌握敌人的动态是非常重要的,正所谓"知己知彼,百战不殆"。今天在和平时期,军事侦察也是维护国家安全必不可少的重要一环。书中涵盖了地面、海上、航空、航天等多种军用侦察方式,精选国内外大量军用侦察装备,详细介绍它们的外形、性能、原理、用途等多方面知识。本书适合广大青少年及军事爱好者阅读。

图书在版编目(CIP)数据

百科图解军用侦察装备 / 瀚鼎文化工作室编著. —— 北京:航空工业出版社,2016.9(2021.7重印)
ISBN 978-7-5165-1102-2

Ⅰ.①百… Ⅱ.①瀚… Ⅲ.①军事侦察-侦察设备-图解 Ⅳ.①E933-64

中国版本图书馆CIP数据核字(2016)第222306号

百科图解军用侦察装备
Baike Tujie Junyong Zhencha Zhuangbei

航空工业出版社出版发行
(北京市朝阳区京顺路5号曙光大厦C座四层 100028)
发行部电话:010-85672663 010-85672683

三河市双升印务有限公司印刷	全国各地新华书店经销
2016年9月第1版	2021年7月第2次印刷
开本:710×1000 1/16	字数:204千字
印张:11	定价:29.80元

前　言

中国古代著名兵书《孙子兵法》中提到，"知己知彼，百战不殆"。意为如果对敌我双方的情况都能了解透彻，每次打仗都不会失败。在现代战争中，由于各种现代化军事装备的大量使用，战略战术部署速度更快，战场情况更加多变，及时掌握敌方的情报对指挥官来说尤其重要。

在现代战争中，侦察不仅是获取敌方情报，赢得战场信息优势的重要手段，同时也是战争的先导，更是平时掌握敌人及相关方基本情况，制定战略决策、战术对策的重要依据。利用现代侦察手段，能够获得各种图像信息、视频资料、信号情报，并有效地传递这些信息。随着战争形态的变化，侦察技术已经呈现出了网络化、侦察与打击一体化、情报实时化等新特征。

本书介绍了现代侦察作战中会使用的侦察装备以及这些装备能够实现远距离、超视距侦察的原理，同时对侦察作战的一些形式也有所提及。

目录 CONTENTS

第一章 ◎ 基础知识

001 侦察装备有什么作用　2
002 侦察装备有哪些类型　4
003 侦察装备需要士兵经过训练才能使用吗　6
004 现代侦察装备令侦察作战更容易了吗　8
005 侦察装备是否不具备战斗力　10
006 侦察兵与普通士兵一样吗　12
007 侦察作战的影响大吗　14
008 地面侦察有哪些方式　16
009 海上侦察仅限于海面吗　20
010 航空侦察就是指侦察机作战吗　22
011 航天侦察是什么　26
012 谍战片中的"监听"就是无线电侦察吗　30
013 什么是反侦察　32
014 伪装也是反侦察的一种吗　34
015 利用烟幕来反侦察　36
016 怎样躲避卫星侦察　38
017 主动的反侦察手段有哪些　40
018 假情报也能反侦察吗　42
专题：情报的重要来源——间谍活动　44

第二章 ◎ 监视与通信装备

019 望远镜能在夜间使用吗　46
020 夜视仪为什么能看到夜间影像　48
021 红外线热像仪是怎样的装置　50
022 日益小型化的红外线热像仪　52
023 微光夜视镜成像需要外部光源吗　54
024 军用的侦察相机有什么特别之处　56
025 军用笔记本电脑有哪些用途　58
026 无线电装备有哪些　60
027 供小团体使用的背负式无线电　62
028 单兵随身携带的个人用无线电　64
029 无线电通信就是广播吗　66
030 卫星通信是什么　70
031 卫星是如何进行通信的　72
032 GPS 是如何定位的　76
033 民用 GPS 有哪些　78
034 翻译机能翻译所有语言吗　80
专题：改变了通信方式的电报　82

第三章 ◎ 单兵侦察装备

035 头盔也能算电子侦察装备吗　84
036 伪装网有什么用　86
037 军用机器人如今发展到哪种程度了　88
038 山地侦察的必备装备　90
039 山地侦察时的作战方式　92
040 山地侦察时有什么危险　96
041 跳伞时需要哪些装备　98
042 跳伞时需要供氧吗　102
043 应用最广的干式潜水服是什么　104
044 潜入侦察任务　106
045 单兵侦察系统　110
046 军用地图　112
047 军用指北针　116
048 微声枪　120
049 侦察犬　122
050 军用海豚　124
专题：神奇的凯夫拉纤维　126

目 录 CONTENTS

第四章 ◎ 侦察平台

051 空中侦察主力的侦察机　　　　128
052 E-8C "联合星系统"　　　　　130
053 SR-71 "黑鸟" 侦察机　　　　　132
054 武装侦察直升机和普通直升机有什么区别　134
055 OH-58 "基奥瓦" 侦察直升机　　136
056 预警机是怎样的作战飞机　　　138
057 无人侦察机真的不需要人吗　　140
058 侦察舰艇与作战舰艇区别大吗　142
059 装甲侦察车有哪些用途　　　　146
060 史崔克 M1127 侦察车　　　　　148
专题："蛟龙夫人" 覆灭记　　　　150

第五章 ◎ 侦察技术的发展

061 雷达技术　　　　　　　　　　152
062 什么是合成孔径雷达　　　　　154
063 隐身技术是针对雷达的吗　　　156
064 信号情报侦察技术　　　　　　160
065 光电侦察技术　　　　　　　　162
066 声学探测技术　　　　　　　　166
067 目标识别技术　　　　　　　　168

第一章

基础知识

001 侦察装备有什么作用

要了解侦察装备以及侦察装备作用，首先得明确侦察作战以及侦察作战对战争的影响。

侦察是为获取敌方军事情况而采取的行动，其主要手段有观察、窃听、刺探、搜索、暗杀、截获、捕获战俘、谍报侦察、战斗侦察、照相侦察、雷达侦察、无线电侦听与测向、调查询问、搜集文件资料等。

在古代战争中，侦察作战就已经非常受重视。在中国古代的军队编制中，有名为"斥候""探马""探子"的兵种，就是专门进行侦察作战的。以探马为例，这是古代对装备有马匹的侦察兵的称呼，因此，探马所用的马匹就可以看作是侦察装备。

在现代战争中，由于拥有了更多能够快速移动、快速部署、快速打击的武器装备，侦察作战的意义更胜从前。如果能够提前或者及时了解到敌方军队、武器、装备的部署情况，自然能够做出相应的部署和应对策略。

常见的侦察手段有：目视侦察、电磁波侦察、飞行侦察、卫星侦察……

目视侦察也就是用眼睛观察或者借助望远镜进行观察，直接确认所侦察目标的情况。

电磁波侦察是探测物体释放出的电磁波（例如可见光、无线电波、红外线等）来进行侦察的方式，雷达、红外线探测仪等装置是典型的电磁波侦察装备。

飞行侦察即利用飞行器对目标进行侦察，这里的飞行器不仅包括如今专门用于侦察目标的侦察机，早期的飞艇、热气球等都曾被用于飞行侦察。

卫星侦察是利用卫星对大范围区域进行侦察的方式，卫星侦察在现代战争中有着十分重要的意义，可以通过对比同一地区不同时间的细节变化发现情报。

斥候，亦作"斥堠"，是中国古代军中职事。斥：度，远近。堠：古代道路计程器，一种立于道路右侧用于计算里程的绿色小方碑。先秦以前，斥堠专门负责巡查各处险阻和防护设施，候捕盗贼。秦汉以后，军中不再设此职，而称远出哨探的侦察兵为斥候。唐宋后侦察兵不再称斥堠，改称探马或探子。

侦察作战的方式

| 观察 | 窃听 | 刺探 | 搜索 |

| 暗杀 | 截获 | 捕获战俘 | 谍报侦察 |

| 战斗侦察 | 照相侦察 | 雷达侦察 | 无线电侦听与测向 |

| 调查询问 | 搜集文件资料 |

侦察装备可以泛指一切能够用于侦察作战的装备，小到望远镜、照相机，大到侦察机、军事卫星都可以算作侦察装备

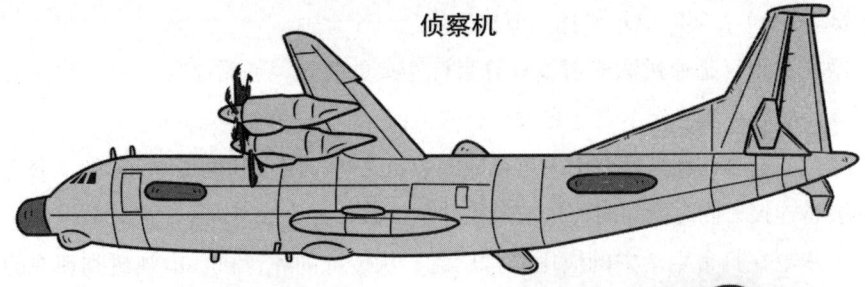

侦察机

卫星

望远镜

侦察作战的装备

侦察装备有哪些类型

在侦察任务中需要用到各式各样的装备，尤其是用于侦察和传送情报的电子装备，使用量很大。近年来电脑和各种探测装置均已实现了数字化，从以往大而笨重的形态发展到小巧、高性能的装置，令侦察人员携带、使用都更加简便。

与电子装置一起迅速发展的还有无线电。如今特种部队使用的无线电不仅可以和卫星进行通信，还可以直接传送影像或者各种档案。无线电日益小型化，容量和性能却得到了很大提升。

将无线电和计算机连接，可以传送各种情报，也可以通过卫星从指挥部下载需要的资料和情报。

如今比较常见的侦察装备类型有夜视装置、望远镜、激光测距仪、激光指示器、笔记本电脑、无线电通信设备等。

夜视装置是目前各国侦察部队或特种部队的标配，用于在夜晚进行监视或者侦察，通常大多是依靠红外成像原理，画面是绿色的。

望远镜可能是使用时间最长的现代侦察装备了，现代望远镜已经从单纯增加目视距离发展到同时具有摄像功能以及能够连接全球定位系统（Global Positioning System，GPS），实时显示坐标、海拔等信息。

激光测距仪是通过激光射线计算目标距离的装置，通常是用于对导弹或者炮击进行人工引导，激光指示器与之效果有些类似。

笔记本电脑已经是侦察中不可或缺的装备之一，用于和无线电、GPS、激光测距仪等装备连接，同时能随时传送信息或计算情报。

无线电在日常生活中的应用非常广泛，从传统的收音机、电视机到现在的手机以及蓝牙均属于无线电。同样，无线电在军用侦察方面也发挥了重大作用，是现代侦察作战必不可少的装备。军队使用的无线电主要用于传送情报、接收命令、和其他队员通信等用途。在作战时，队员们每人都会携带短距离用无线电，可以直接放入战术背心的袋子中或者挂在腰间。队员们对无线电装备的要求主要有几点：轻量、小型、易用、坚固不易损坏。

侦察装备随着科技的进步已经发生了很大变化，从最初主要依靠目视侦察转为以各种电子侦察手段为主

▶ AN/AVS-6

美军飞机乘员使用的夜视装置是AN/AVS-6，这是一种为了直升机驾驶员在晚上进行超低空匍匐飞行所研发的装置。但戴上该装置操纵飞机时视野会受到约40度的大幅限制，因此研发出了性能更好的AN/AVS-9

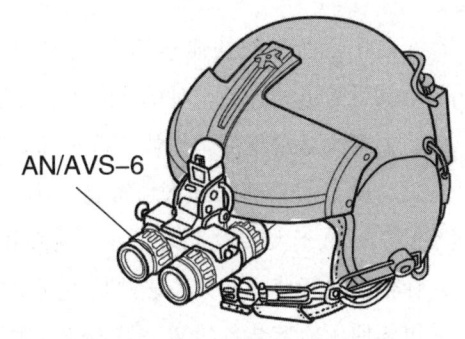

AN/AVS-6

◀ 望远镜

法国泰雷兹（THALES）集团制造的红外望远镜Sophie，白天可作为普通望远镜使用，夜晚则能够利用红外线成像功能保持良好的视野，即使长时间使用也不会累。其最远可以探测到2000米外的人和物体，在天气恶劣的海洋环境中也可以使用

▶ AN/PEQ-1 激光指示器

这是专门为特种部队研发的夜视装置，能够利用激光测量与目标之间的距离，并在飞机投下炸弹或导弹时用来照射目标，在阿富汗战争和伊拉克战争中都曾广泛使用

003 侦察装备需要士兵经过训练才能使用吗

在军队中设有专门的侦察部队，他们都具有过人的军事、身体、心理素质。侦察兵的行动更为迅速灵活，对单兵的体能、敏捷度和综合作战意识都有较高的要求，可以说，侦察兵是常规部队中的"特种部队"。

不过，由于侦察部队的人员数量有限，因此并不能将所有侦察任务都交给专门的侦察部队。对于大多数士兵而言，他们并没有机会接触侦察装备，如果冒然发给他们，让他们执行侦察任务，显然是不现实的。

如果要使用侦察装备的话，需要经过哪些训练呢？

以最简单的侦察工具——望远镜来说，首先将军用望远镜左右目镜的正负屈光度刻度调整至0刻度。开始搜索，先锁定目标，转动左目镜视度手轮，使望远镜左支系统目标像和分划图像完全清晰后，再转动右目镜视度手轮，使右支系统目标像完全清晰，便完成对所观察目标的调整。这只是训练使用望远镜观察远距离目标，除此之外，还得学会利用望远镜测定方向角、高低角、距离等，这些都不是拿起望远镜就能使用的。

一个简单的望远镜就如此复杂，更别说其他一些复杂的侦察装备了。诸如侦察车辆、侦察飞机、无人机、间谍卫星等专用的侦察设备，必须由经过专门培训的专业人员使用，而不是谁都能操作得了的。不过，在一些特种作战部队中，许多特种部队队员都会接受非常全面的训练，他们不仅拥有远胜于普通士兵的作战能力，同时能够操作大量专用侦察设备，执行侦察任务。

驾驶难度极大的美国U-2高空侦察机

驾驶U-2飞机是一件艰难的事，同时也是一件危险的事。U-2飞机机翼面积小，驾驶难度比其他飞机大得多。U-2飞机的飞行员在执行飞行任务之前会接受1小时纯氧呼吸，以去除体内氮气和其他气体，如果体内残余氮气，在高空气压降低时会从血液中析出，引起疼痛或者不适，严重时会造成死亡。

专门的侦察部队是进行侦察作战的主力,他们需要经过特殊的培训,包括作战水平、侦察战术、侦察装备的使用等

侦察部队

普通士兵

军队中专门及进行侦察作战的"特种部队"

专职作战的战斗人员,不一定具备侦察作战的能力

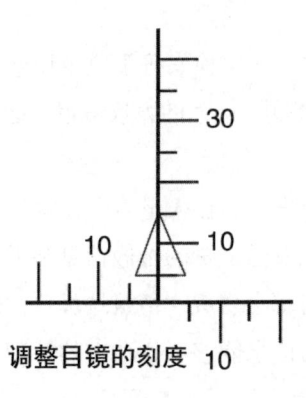

调整目镜的刻度

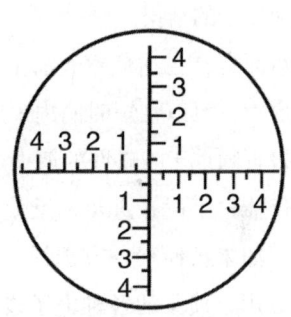

透过望远镜锁定目标

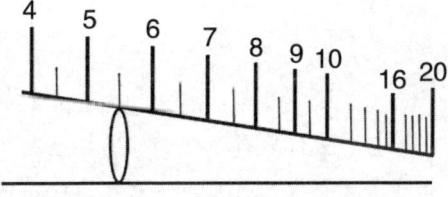

测定方向角、高低角、距离等

要使用望远镜准确地观察目标,必须得掌握以上技能

7

现代侦察装备令侦察作战更容易了吗

现代侦察装备，尤其是各种电子设备的广泛使用，很大程度上减少了士兵在进行侦察作战时的任务量，大量需要搜索、观测才能发现的情报仅需要设置好电子侦察设备，便能轻而易举地获得整理好的数据。如此一来，侦察作战的难度似乎是变得更容易了。

军事科技的进步在客观上的确令侦察作战发生了很大进步，侦察的方法也愈来愈多。在现代战争中，侦察手段无非是先遣侦察、雷达侦察、海上侦察、空中侦察、太空侦察等几种。

先遣侦察可以算得上是最古老的侦察手段，也就是在大部队到达预定作战区域之前提前派出侦察兵潜入该区域进行侦察，了解到这一区域包括地形、气候、水文等基本要素，并对该区域可能存在的敌对势力进行摸底。先遣侦察中，许多单兵携带的侦察装备令侦察兵的侦察作战变得更加轻松，他们可以从比以前更远的距离探测到更加详尽的情报。

相对而言，雷达侦察、海上侦察、空中侦察、太空侦察等手段令侦察作战的区域变得更大，可以在短时间内了解数千米^{2}甚至数万千米^{2}的大致情报。这些手段获取的情报更侧重于战略性的情报。

不仅侦察手段在进步，反侦察手段也在不断发展。在大量电子侦察设备被使用的今天，如果被侦察一方选择主动向敌侦察系统发送大量的虚假信息和无用信息，那么敌方用于侦察的各种电子设备所截获的消息都会变成"情报垃圾"，以达到削弱敌方侦察能力的目的。此外，大量真假混杂的信息能够干扰敌方的处理进程，还有可能诱使敌人得出不一致甚至是完全相反的判断。

公元前124年，西汉大将军卫青率军反击匈奴右贤王入侵，最终取得了胜利。这场胜利与卫青的随军校尉张骞有着莫大的关系。张骞在出使西域途中，被匈奴扣押多年，在此期间，他十分注意了解匈奴的自然地理和风土人情，向卫青提供了真实可靠的情报来源。

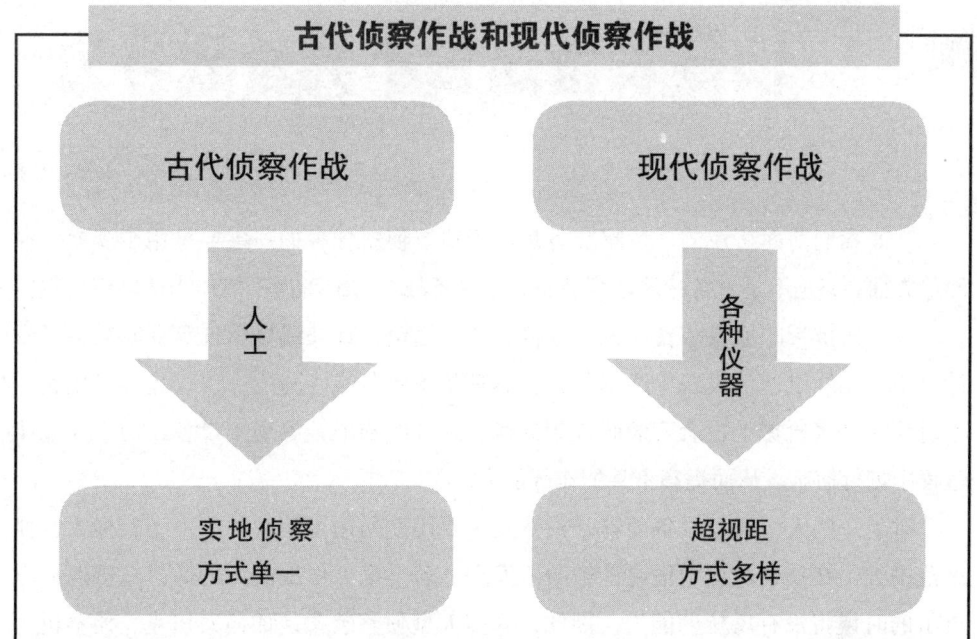

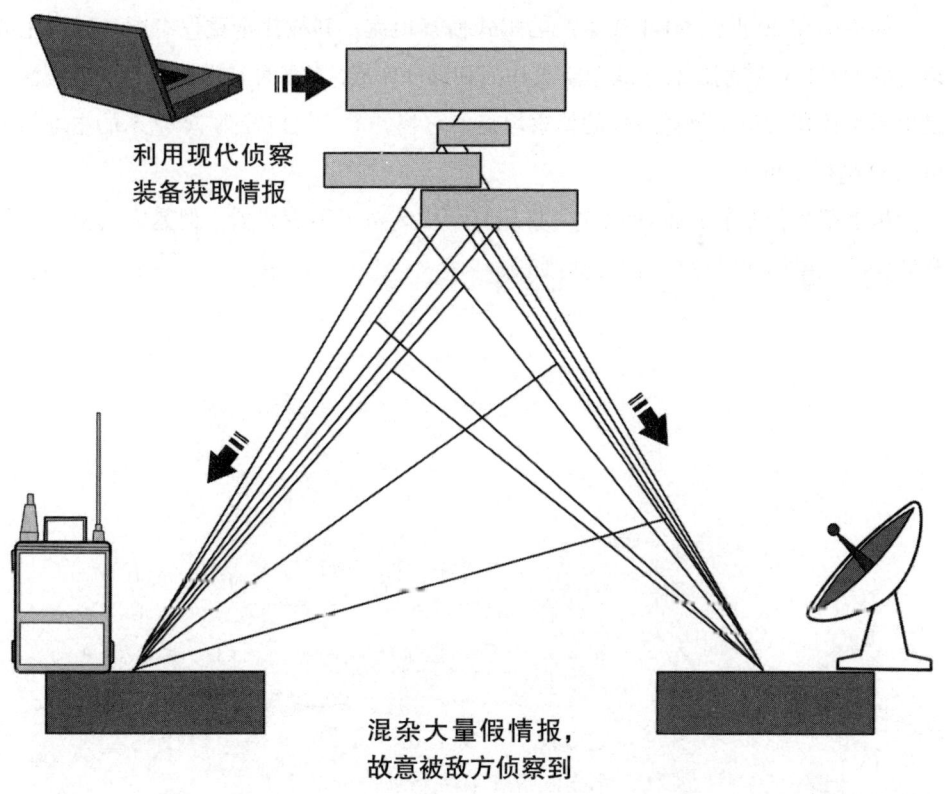

侦察装备是否不具备战斗力

正如我们前面所说的，侦察装备是用于执行侦察任务的，主要是用于观察、探测等方面，那是不是就意味着侦察装备并不具备战斗力或者说不能作为武器使用呢？

以单兵携带的侦察装备来说，像普通的望远镜、红外线显影仪等观察装备以及计算机、无线电通信设备等通信装备自然都是不具备战斗力的，仅仅是工具用途。不过现在许多枪械上也会安装瞄准望远镜、红外线瞄准镜等观察设备，用于在战斗过程中进行侦察，从而提高士兵的作战能力。

对于一些大型侦察设备而言，虽然其主要用途是用于侦察，但由于目标大、侦察范围大，在侦察过程中很可能被敌方发现，若是毫无作战能力的话，在遭遇敌方攻击的时候将没有反抗的能力。因此，许多大型侦察装备，如侦察坦克、侦察机、侦察车辆上都安装了一定数量的自卫武器。

如英国在20世纪60年代生产的蝎式侦察坦克，其战斗全重仅有同一时期主战坦克的1/9~1/6，特别适合于紧急空投作战和远征作战，对各种地形均有良好适应性，是世界上体积最小、重量最轻的侦察坦克，它装备了一门口径为76毫米的主炮与一挺7.62毫米机枪。

虽然很多侦察装备都像蝎式侦察坦克一样装备了不少武器，但是究其根本，侦察装备的主要用途仍然是用于侦察作战。

侦察机的火力如何？

对于侦察机来说，侦察才是它们的首要作用，因此火力并不是衡量侦察机性能的标准。很多战术侦察机是由战斗机改装而来的，一定程度上会保留部分武器，而专门设计的高空战略侦察机，例如U-2高空侦察机，几乎没有安装主动攻击的武器。

侦察装备的用途决定了它与其他武器装备的差别，并非直接用于战斗用途

侦察装备 → 主要用于侦察用途

其他武器装备 → 用来进行战斗是首要目的

英国蝎式侦察坦克是英国陆军为特种作战研制的坦克，这种坦克采用了全铝结构，是目前世界各国装备的最轻的坦克

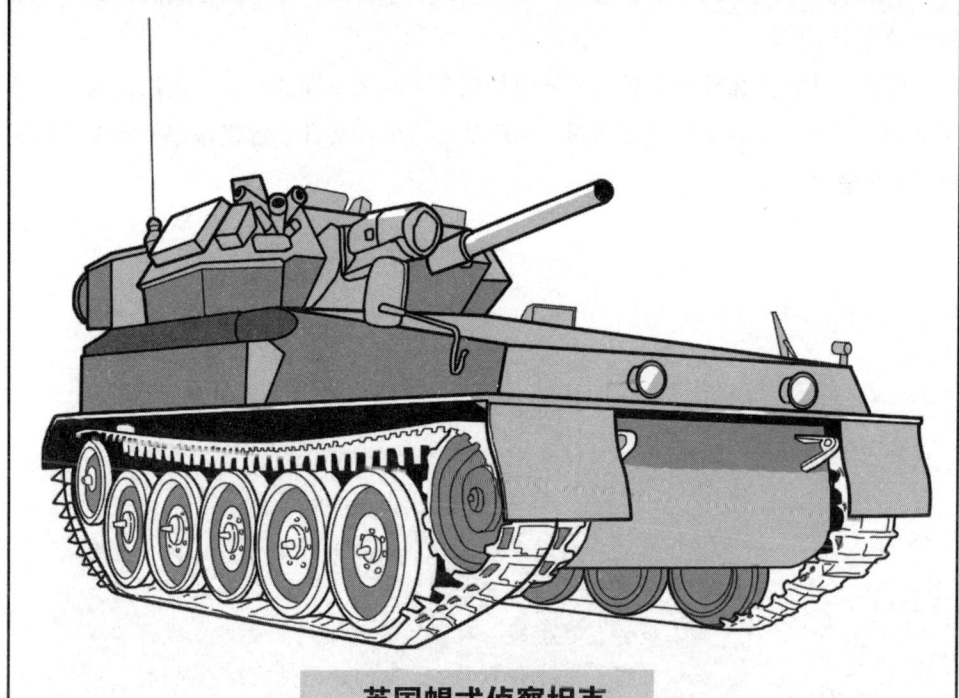

英国蝎式侦察坦克

006 侦察兵与普通士兵一样吗

我们都知道，军队用于作战的军事力量。在军队中，包含了许多兵种。其中侦察兵的主要任务是获取重要军事情报，在战斗前沿侦察对方的部队番号、人员数量、火力以及在敌后对重要的军事、交通、通信等设施进行侦察、破坏、打击等。可以说，侦察兵是部队指挥官的耳目，他们提供的情报是指挥官制订作战计划的依据。

那么，侦察兵和普通士兵有什么区别呢？

侦察兵掌握了侦察技巧与技能，执行渗透至敌方区域、侦察战役发起前敌军动态、侦察敌方军事目标的位置、为己方火炮及空中打击提供翔实的地理坐标和破坏情况，他们通常没有攻击性任务，还要避免与敌方遭遇进而暴露己方作战意图。

普通士兵的首要任务是进行作战，他们的首要任务是直接与敌方军队交战，通过空降作战、坦克战、特种作战、空战等多种方式获得战场优势，歼灭敌方有生力量，以达到对敌国领土实现占领或达成本国政治要求的目的。

从这一点来说，虽然侦察兵和普通士兵同属于军队，但他们作战的方式和作战目的是完全不同的。

但是，侦察兵和普通士兵并不能强行划分为两个不同的组织，他们都属于作战部队的一部分，前者负责侦察情报，为作战部队的作战计划提供依据，从而达到知己知彼的效果。

侦察兵和间谍一样吗

侦察兵和间谍都是获取情报的重要来源，但根据有关国际条约，侦察兵必须穿军服，是合法的战斗人员，如果被俘，享受战俘待遇（根据日内瓦公约，战俘不得加以惩罚，虐待和杀害），而间谍则没有这个待遇。

侦察士兵作战方式

观察

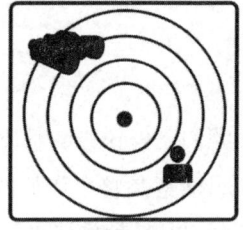
锁定

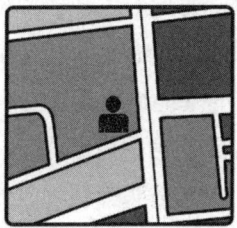
标记

搜集

空降作战

空战

坦克战

特种作战

普通士兵作战方式

007 侦察作战的影响大吗

前面我们已经说过，侦察兵侦察得来的情报是作战部队制订作战计划的依据，也就是说，侦察是整个作战的一部分。尤其在现代战场上，特种作战已经成为战场的重要部分，在特种作战中，侦察对作战效果的影响更为深远。

2011年5月1日，在美军代号"海神之矛"的行动中，美国海军海豹突击队成功击毙了基地组织领导人本·拉登。在这次行动中，美军正是通过多次侦察，不仅确定了本·拉登所在的区域，更明确到某一栋建筑中，整个侦察作战持续了近10年。

在美军发动阿富汗战争之后，以本·拉登为首的基地组织高层就四处藏身。美军先是经过多年的侦察确定本·拉登可能藏身于巴基斯坦阿伯塔巴德的一处建筑中，美国中央情报局利用大量卫星监测照片和其他报告，希望辨识建筑物内住户的身份，到了2010年9月美国中央情报局的情报分析专家所得到的结论是，该建筑物的设计"似乎是专门用于隐藏某个重要人物"，而这个人极有可能就是本·拉登。

随后，美军派遣了侦察人员对这栋建筑进行严密监控和情报搜集，一整队的侦察人员对该建筑进行了长达数月的监视，同时派遣RQ-170无人机对这栋建筑陆续照下众多照片资讯，并协助联合特种作战司令部利用其对建筑物空中侦照所获得的分析数据，重新建了一栋专门用来进行任务模拟的练习屋。

基于情报基础，最终海豹突击队出色地完成了击毙本·拉登的任务。

在这次行动中，美军数年的侦察作战为行动的成功奠定了基础。同样，在人类历史上的多次战争中，侦察作战往往都会起到类似的具有决定性的作用。

2001年10月7日，针对"9·11事件"，美国对阿富汗盖达组织和塔利班发动了一场战争，军官方指这场战争的目的是逮捕本·拉登等盖达组织成员并惩罚塔利班对其的支援。而本·拉登已于2011年5月1日被美军击毙。

侦察作战是军事行动的基础,有时甚至具有决定意义

有效情报 →

信使

分析手头情报,寻找本·拉登可能藏身的地方

美军如何利用侦察作战击毙本·拉登

出动海豹突击队,击毙本·拉登

发现本·拉登的藏身之处

找到本·拉登信使的情报

确定信使的住址,对其进行追踪

15

地面侦察有哪些方式（1）

　　地面侦察是传统的侦察方式之一，它主要由武装侦察分队、无线电技术侦察分队、谍报站、特种作战分队、两栖侦察部队、边防观察哨、雷达观测站、边防情报站、遥感侦察站，以及直升机侦察分队、无人机侦察分队等多种力量协同实施。

　　地面侦察的主要手段有观察、潜听、搜索、火力侦察、捕俘和审讯、秘密侦察、战场技术侦察等。捕俘和审讯在地面侦察中最具特色，有时甚至是最有效的一种侦察方式。尽管现代战争中高技术武器装备层出不穷，但地面侦察的作用仍不可忽视。

　　观察是地面侦察中最古老的手段，尤其在古代战场上，观察几乎是唯一的侦察手段。军事指挥员以自己的感官对战场进行直接观察来判断敌情，所以至今人们仍把侦察比作军队的"耳目"。后来发展到派出人员到敌前沿或侧后进行侦察。

　　潜听，潜入到敌方腹地或重要目标附近，通过窃听敌方对话的方式获得情报。

　　搜索既是一种侦察手段，也是反侦察手段，通过搜索敌方曾活动的区域，往往会发现一些敌方无意之中留下的线索和情报，或者发现敌方安排的侦察人员、设置的侦察装备等。

　　火力侦察与上述的集中直接获取情报的方法不同，是一种诱导性的侦察战术。以火力袭击的方法，迫敌或诱敌还击，以暴露其火力配系，从而判明其兵力部署、阵地编成等情况。

　　捕俘是为了侦察、掌握敌情，派遣侦察人员潜入敌方所在地区活捉敌方了解内情的人员。捕俘对侦察人员的作战素质要求很高，他们不仅要善于寻找了解内情的人员，还得想方设法将对方活捉。

　　审讯与捕俘是相辅相成的侦察手段，在活捉敌方人员之后，对其进行审讯与心理攻坚。审讯的手段有很多种，但大多数都是通过寻找对方的弱点，例如精神虐待、肉体虐待，甚至使用麻醉剂等方式。虽然战场上对战俘的审讯往往会伴随着一些不人道的做法，但由于这往往是获得情报最直接、最准确的手段，因此一直都被使用。

　　秘密侦察是一种暗中的侦察手段，其形式多种多样，例如派遣侦察人员假扮成医生、工程师等身份前往敌方地区，利用工作掩饰，伺机获取情报。在中日甲午战争与抗日战争之前，日本都曾派遣许多人员前往中国进行秘密侦察，假借考察、研究等名义对中国各地进行测绘并侦察部队驻防等情报。

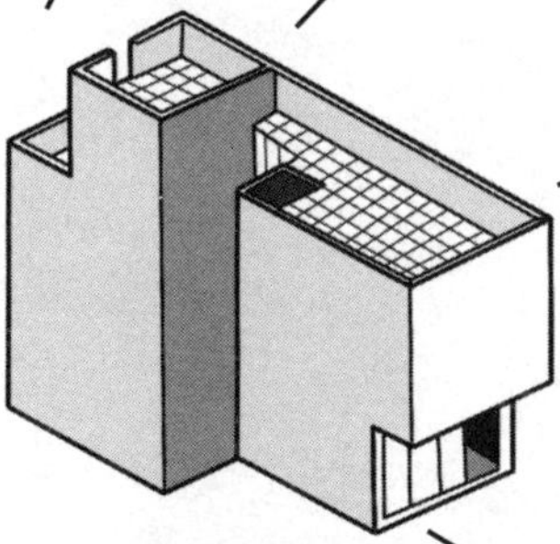

地面侦察

- **观察** → 观察是所有侦察手段中最为古老的方法
- **潜听** → 潜听和观察同为利用感官进行侦察的方式 
- **战场技术侦察** → 战场技术侦察是利用现代技术手段侦察的方式，也是如今应用最广的侦察手段 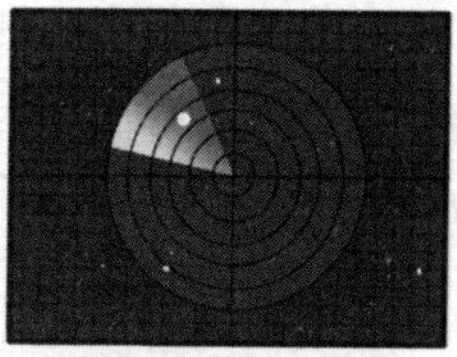
- **火力侦察** → 火力侦察通常在实际中的使用方式就是向有所怀疑的地区开枪开炮 
- **捕俘和审讯** → 捕俘和审讯是相辅相成的侦察手段 
- **秘密侦察** → 秘密侦察是一种暗中的侦察手段，其形式多种多样 
- **搜索** → 搜索敌人留下的蛛丝马迹，例如脚印、炊事痕迹等

地面侦察有哪些方式(2)

战场技术侦察是利用现代技术手段侦察的方式，也是如今应用最广的侦察手段。这包括了使用雷达和红外装置对目标区域的具体目标进行搜索等。

这些地面侦察技术在侦察作战中有着非常重要的意义，尤其是在现代侦察作战中，往往会将各种侦察手段和侦察技术结合起来，通过多种侦察手段对目标进行多次侦察，并综合得到的情报，从而得出更加准确可靠的信息。

在1991年的海湾战争中，以美国为首的多国联军在战争开始之后，立即向伊拉克边境派遣了大量的地面侦察力量及负有战场侦察任务的特种作战部队，同时配合卫星、侦察机等进行侦察。地面侦察力量不仅进一步充实了战场指挥官所需的战役战术情报，而且及时校正了卫星和航空情报在分辨真假目标时所存在的偏差。

地面侦察系统

现代地面侦察系统主要有各种侦察车、战场雷达、传感侦察系统等，这些侦察系统可与海、空、天基侦察资源相联，构成陆战侦察体系，及时为地面部队提供准确的战场态势和目标信息。

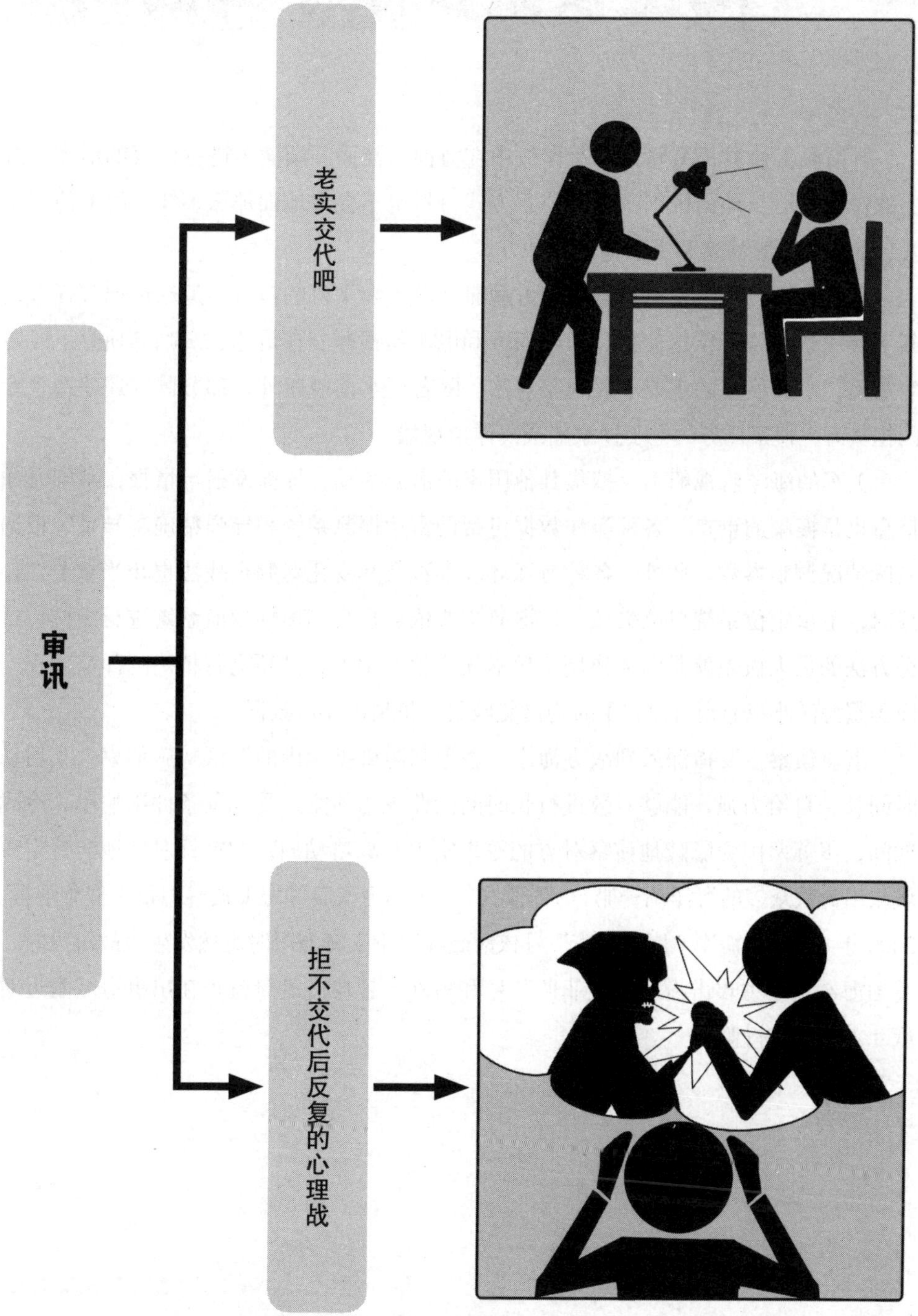

```
                    ┌──→ 老实交代吧 ──→ [审讯场景图]
审讯 ──┤
                    └──→ 拒不交代后反复的心理战 ──→ [心理战场景图]
```

百科图解军用侦察装备

009　海上侦察仅限于海面吗

所谓海上侦察，主要是海军作战中在海面（江面、湖面）进行侦察的活动。海上的作战环境与地面区别很大，侦察方式自然也不会像地面那么多样，海上侦察主要包括水面舰艇侦察和潜艇侦察两种方式。

水面舰艇侦察主要担负查明敌方舰艇、潜艇和飞机的位置、运动情况等任务，其主要侦察手段有雷达侦察、声呐侦察和电子侦察等。在雷达、声呐等侦察手段诞生之前，水面侦察的主要手段也是观察。除普通水面舰艇外，部分国家还建造了专门担负海上侦察任务的电子侦察船或海洋监视船。

美军的海洋监视船不仅搜集其他国家的潜艇活动、导弹发射等情报，基础海洋信息也是搜集的重点。各种海洋数据可帮助雷达探测系统和导弹精确制导系统根据实际情况调整参数。此外，各种海洋环境参数及其变化对制定战法也相当重要。在战时，卫星定位系统可能失效，核潜艇主要依靠自身的惯性导航系统进行定位。这种方法的最大误差就是海流作用于核潜艇产生的偏差，必须进行精确的洋流修正。而美军海洋监视船则可以在平时为潜艇收集大量精确洋流数据。

潜艇侦察主要指深入到敌方海岸、基地和防御纵深内的海区实施侦察；其活动时间长，自给力强，能够对敌进行长时间的监视与侦察，受气象条件影响小。冷战期间，美苏两国为隐蔽地侦察对方的军事实力及战略动向，均有针对性地向特定海域派出为数众多的海洋调查船、海洋监视船、核动力潜艇等海上侦察力量来搜集情报。2000年8月，俄海军"库尔斯克"号核潜艇在巴伦支海演习时突然发生事故沉没时，美国海军核动力攻击潜艇"孟菲斯"号和另外一艘攻击潜艇就正在出事海域附近对俄北方舰队进行监视。

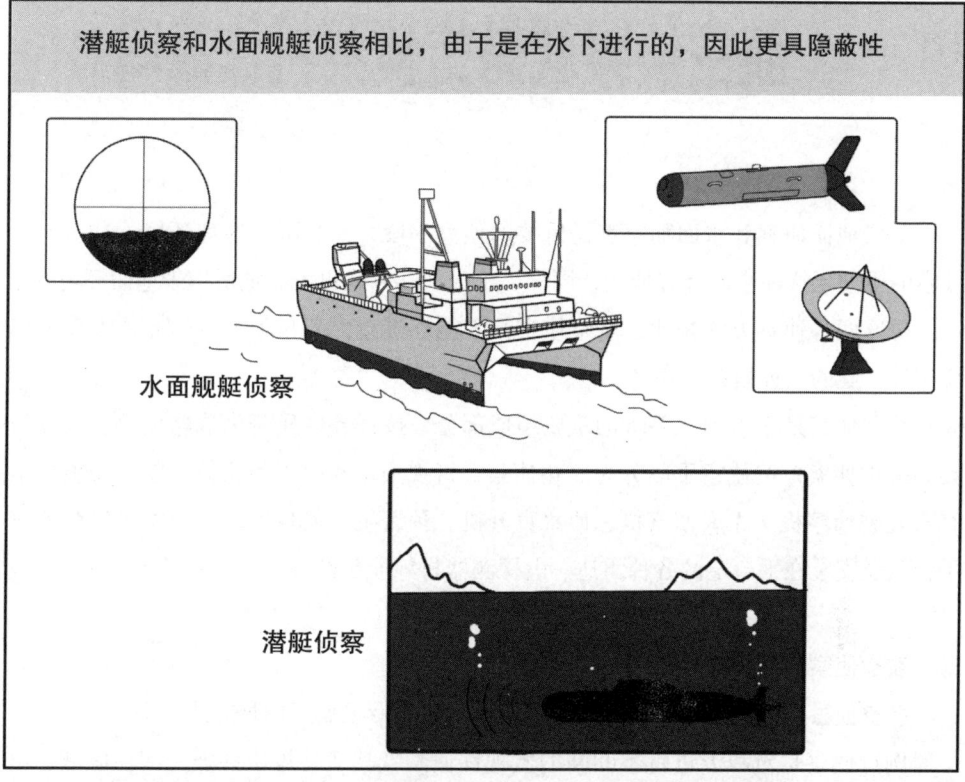

潜艇侦察和水面舰艇侦察相比,由于是在水下进行的,因此更具隐蔽性

水面舰艇侦察

潜艇侦察

美军的"无暇"号海洋监视船,使用拖曳式感应监视听音系统被动及主动低频声呐阵列收集水下声学数据、通过电子设备处理并提供快速反潜作战信息的传输,利用卫星向海军提供评价和分析

航空侦察就是指侦察机作战吗(1)

虽然地面侦察和水面侦察都是重要的侦察手段，但受限于地理环境，许多地面侦察的手段无法在水域环境使用，同样，水面侦察方式也不一定适用于地面环境。

与这两种侦察方式相比，航空侦察几乎能够进行无死角侦察，因此是当今世界应用最广泛的一种侦察方式。

航空侦察是军事侦察系统的重要组成部分，按任务性质分为战略侦察、战役侦察和战术侦察；按侦察手段分为照相侦察、目视侦察和电子侦察等。航空侦察包括有人驾驶侦察机、无人侦察机、侦察直升机、预警机、侦察气球和侦察飞艇等侦察平台以及安装在平台上的各种雷达、电探测器材等侦察设备。

航空侦察的形式

航空侦察在组织实施时，通常分为例行侦察和专项侦察两种方式。

例行侦察是对敌方进行不间断的监视性侦察，其活动规律性强，活动区域、出动时间与飞机出动频率等在一个时期内相对固定，但有时会随着对情报搜集重点的变化和局势的变化而变化。例如美国的U-2高空侦察机研制成功后，在1956年至1960年期间对苏联领空实施了50次侦察，曾先后出现在基辅、莫斯科、明斯克、克里米亚等城市和远东、中亚等地上空。

专项侦察则是为获取敌方某一时间段内兵力活动情报或某一地区的情报所临时实施的侦察。专项侦察目标明确，重点突出，而且其侦察力量相对较强。特别是当侦察对象国组织大规模军事演习或是兵力调动频繁时，侦察一方通常会组织高强度的专项侦察。

有人驾驶侦察机

有人驾驶侦察机可分为战略侦察机（美国的U-2、SR-71等）和战术侦察机（俄罗斯的苏-24MP、美国的TR-4A等）。有些侦察机既可执行战略侦察任务，也可执行战术侦察任务，例如美国的RC-135侦察机。

20世纪60年代以后，无人侦察机投入实战使用，在历次局部战争中都有出色的表现，因此越来越受到重视，近年来发展很快，大有取代有人驾驶侦察机的趋势。

航空侦察的优势

- 具有时效性强
- 机动灵活
- 对目标进行跟踪识别
- 同时发现多个目标
- 实时提供侦察情报

U-2 高空侦察机对苏联的侦察

航空侦察就是指侦察机作战吗 (2)

无人侦察机有体积小，重量轻，雷达反射截面积一般要比战斗机小，无人员伤亡等优点，通常被部署在战斗前沿，飞临敌方防御最严密的地区进行侦察与监视。按续航时间或航程，无人侦察机可分为：长航时无人侦察机（美国"捕食者"、以色列的"搜索者"等）、中程无人侦察机（美国的350型中低空无人机）、短程无人侦察机（以色列的"先锋"、美国与以色列联合研制的新一代"猎犬"等）和近程无人侦察机（以色列的"微V型"无人机）。

除专用型侦察机外，还有改装或加装侦察吊舱的战斗机、攻击机、轰炸机和运输机等，也可执行空中侦察任务。这里值得一提的是空中侦察监视系统中的两个重要成员：一是美国空军的E-8"联合监视与目标攻击雷达系统"（JSTARS）飞机。这是一种主动型的机载雷达侦察监视系统，在海湾战争中发挥了重要作用，它监视伊拉克纵深区域内伊军的活动，为战区司令提供近实时的战场信息。实战表明，E-8JSTARS飞机能适应美国空地一体作战的需要。二是美国陆军现装备的机载"护轨"战术侦察系统。这个系统是陆军最先进的航空侦察系统（载机为RC-12），共有5种型号，其中最先进的是"护轨Ⅱ"系统。该系统是面向数字化战场设计的，采用了"联合机载信号情报结构"（JASA），大大增强了系统的灵活性；系统的软件可识别多种特殊信号；系统还具有很强的功能重组能力，能适应各种突发的威胁。

航空侦察在1870年的普法战争期间就已经出现了，善于冒险的欧洲人利用气球从事空中侦察摄影活动。结果证明，空中侦察摄影确实有效，只可惜当时的热气球并不是理想的运载工具，后来飞机的出现令航空侦察真正成为了重要的侦察手段。

航空侦察平台

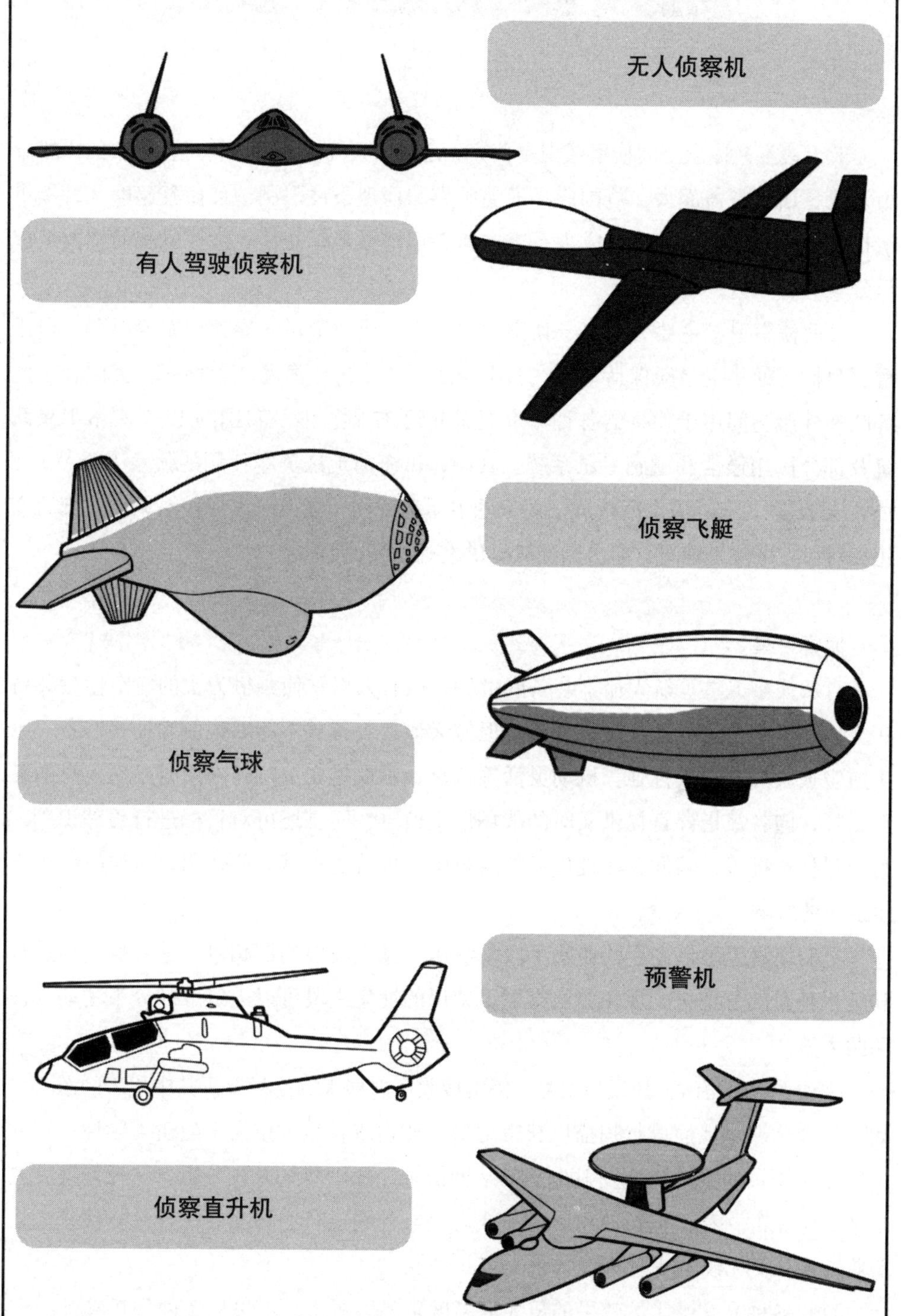

- 无人侦察机
- 有人驾驶侦察机
- 侦察飞艇
- 侦察气球
- 预警机
- 侦察直升机

航天侦察是什么(1)

　　航天侦察又称为空间侦察或卫星侦察,是利用大气层外的卫星进行侦察的手段。由于卫星侦察覆盖面大,范围广,不受国界和地理条件限制,且侦察速度快,提供情报确切可靠,卫星侦察已成为军方主要军事情报来源和作战指挥系统的重要组成部分。

　　目前侦察卫星主要分为电子侦察卫星、雷达成像卫星、导弹预警卫星等。对于重要目标,侦察卫星能保持每天在其上空运行1~2次。海湾战争期间,美国及多国部队在外层空间用于侦察的各种军事卫星共约37颗,涉及美国的12个军事卫星系统及部分民用通信和遥感卫星系统。其中,供海湾地区美军使用的侦察卫星就有5种类型18颗,在外层空间构成了庞大的卫星监视网,能及时掌握伊军调动、部署变化和对伊空袭战果情况,向多国部队提供准确可靠的情报。

侦察卫星

　　自从侦察卫星等航天侦察装备问世后,以有人驾驶侦察机为主的航空侦察装备在空中侦察中的主导地位受到冲击,但航天侦察装备并不能取代航空侦察装备。由于航空侦察具有时效性强、机动灵活等特点,不仅能在短时间内同时发现大量的各种目标,向各级指挥官提供实时的战场情报信息,而且还可对目标进行跟踪识别,直至目标被摧毁,因此,在现代局部战争中发挥着越来越大的作用,对作战胜负产生巨大的影响。

　　早期侦察卫星最主要的侦察手段是利用可见光波段的照相机。随着科技的进步和情报种类的分集化,现在的侦察卫星使用的搜集手段可以大致上区分为主动与被动两大类。

　　主动手段就是由卫星发出信号,借由接收反射回来的信号分析其中代表的意义。如利用雷达波对地面进行扫描以获得地形、地物或者是大型人工建筑等影像。被动手段是利用被侦察的物体发射出来的某种信号,加以搜集并且分析。这种侦察方式是最为常见的一种,包括使用可见光或者是红外线进行照相或者是连续影像录制,截收使用各类无线电波段的信号等。

　　目前各种光学摄影的效果的最大清晰度是各国机密,不过从各种公开或者

侦察卫星的分类

- **电子侦察卫星**：是用于侦察、截收敌方雷达、通信和武器遥测系统所发出的电磁信号，并测定信号源位置的侦察卫星
- **雷达成像卫星**：利用微波雷达遥感技术侦察的卫星，能够不受光照条件限制，可昼夜全天候拍摄目标
- **导弹预警卫星**：通过卫星上携带的传感器侦测到的热辐射来对导弹或者火箭的发射以及核爆炸提供侦测情报

侦察卫星利用被侦察的物体发射出来的某种信号，加以搜集并分析是最为常见的侦察手段

卫星的主动侦察手段主要用于卫星成像

011 航天侦察是什么（2）

是半公开的信息当中，很多人相信目前的侦察卫星要取得地面上的车牌号码是轻而易举的，至于是否可以连报纸上的文字都能够清晰的获得，就没有足够的资料可以佐证。

美国的侦察卫星

从1959年2月28日，美国发射了第一颗侦察卫星——"发现者"开始，美国的侦察卫星至今已经发展了4代。目前使用的第4代卫星主要有"水星""军号""顾问"和"命运三女神"。"水星"是准同步轨道电子侦察卫星，主要用于通信侦察，不但能侦听到低功率手机通信信号，还可收集导弹试验的遥控信号和雷达信号等在内的非通信电子信号。"军号"吸收了当今军用航天系统中曾用过的先进电子、天线和数传技术。装有复杂而精细的宽频带相控阵窃听天线，展开后直径约914米，可同时监听上千个地面信号源，包括俄罗斯与核潜艇舰队之间的通信，还携带有高频中继系统，使美军电子侦察能力跃上了新台阶，获得了近似连续信号情报的侦察能力，可在夺取制信息权方面发挥较大作用。"顾问"与"军号""水星"一样，也是用于通信侦察的准同步轨道卫星。"命运三女神"是低轨道电子侦察卫星，用于侦察雷达等电子设备的无线电信号。工作时，以3星为一组，组内卫星相互间保持约50千米的距离，这样，用4组便能完成全球连续监视。

"发现者"卫星是美国第1代照相侦察卫星，采用可见光照相和胶片舱返回地面的工作方式。"发现者"卫星的用户是美国中央情报局。"发现者"侦察卫星的保密代号为"科罗纳计划"，因此这些卫星有时也称为"科罗纳"卫星。

卫星遥感成像

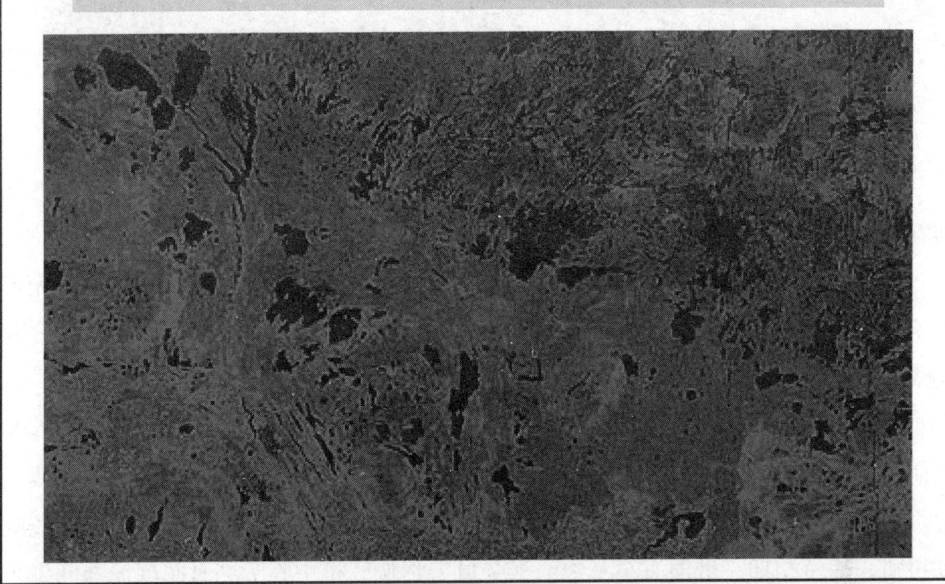

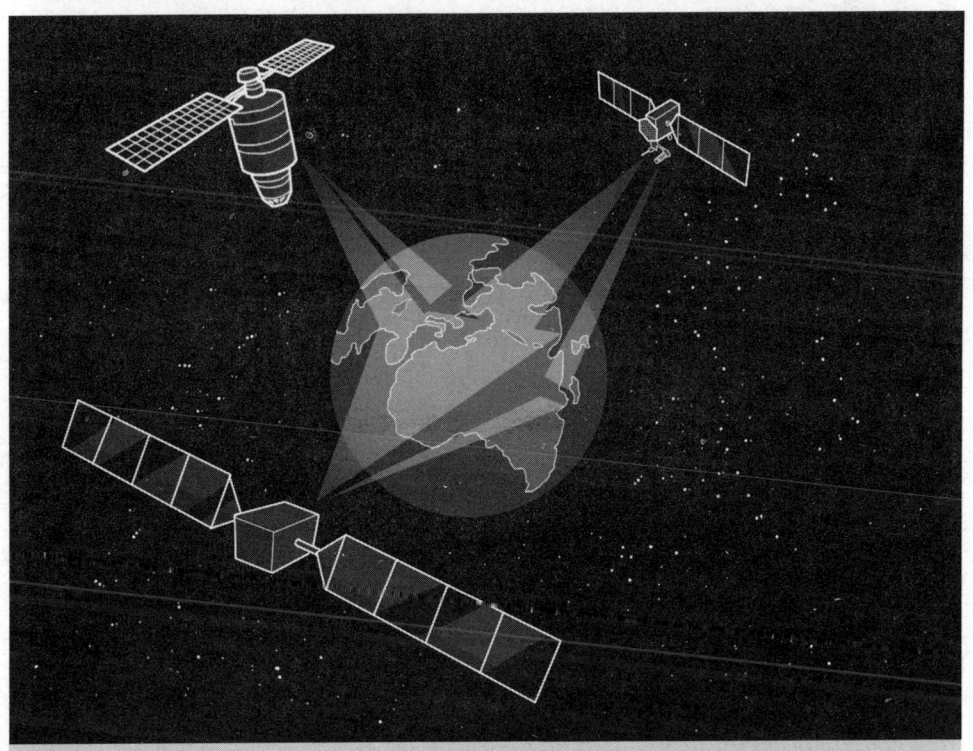

军用侦察卫星通常不是单独工作，而是相互之间保持联系，以多组、多星的形式对全球范围进行监视

谍战片中的"监听"就是无线电侦察吗

无线电技术侦察又称为信号侦察,被称为除了陆、海、空、天之外的"第五维侦察空间"。

无线电技术侦察通常是通过设在全球各地的固定侦听站和测向站来实现对无线电信号的侦听和测向的,从其工作性质和工作方式可分为线电侦听、无线电侦收和无线电测向三大类。

无线电侦听是指对敌方的无线电通话进行截听。据记载,海战史上第一次无线电侦听发生在1904年日俄战争时期。当时,日俄双方都把发明不久的马可尼无线电发报机装备到了大中型舰只上。俄国人还在岸上基地安装了一些经过改进的无线电发报机。战争初期,俄国海军基地的报务员突然从耳机中收听到日军舰船之间发出大量的无线电联络信号。俄国海军情报部门分析,这可能是日军发动进攻的预兆。俄军司令官根据这一判断,下令所有军舰和岸炮进入戒备状态。果然不久,日军就开始炮击俄军的重要目标。由于俄军已有准备,立即给予猛烈还击,使日军的偷袭未能得逞。

无线电侦收的目标则是敌方的无线电电报、电视和传真等图像信号。交战双方通过截获敌方的无线电信号,进行破解和处理之后,得到对方所传收的信息。要侦收敌方无线电通信,己方接收就必须在工作频率上和敌方相同,在解调方式上和敌方电台调制方式相适应。侦收敌方短波电台要使用短波接收机,侦收敌方调频电台要使用调频接收机。

用无线电定向接收设备来测定正在工作的无线电发射台的方向,称为测向。其接收设备为无线电测向机。当无线电测向机的定向天线对准发射电台时,天线的接收信号最强,从而可以确定无线电发射台的发射方向。通常一部测向机只能测定发射台的方向,如果要确定发射台位置,需用两部以上测向机同时进行测向,通过交会确定发射台位置。

无线电侦听、侦收和测向三者的有机结合能够实时有效地掌握敌军情报,直接为作战行动提供保障。在第二次世界大战期间,由于美军无线电侦察部队在中途岛海战之前便截获并破译了日本海军的密码电报,从而导致了日本舰队的覆灭。

无线电是什么

无线电又叫无线电波,是能够在空间中传播的电磁波。无线电技术是通过无线电波传播信号的技术,其原理在于,导体中电流强弱的改变会产生无线电波。

通过调制不同频率将信息加载于无线电波之上

通过解调将信息从电流变化中提取出来

音频信号

长江!长江!
我是黄河!
(发报)

黄河!黄河!
我是长江!
(接听)

AM

FM

音频信号可借由调幅(AM)或调频(FM)波段传送

31

013 什么是反侦察

反侦察，从字面上来说，就是针对侦察进行的反作战。反侦察作战的发展在战争史上是与侦察作战相辅相成的，只有出现了某种侦察手段，才会相应地出现具有针对性的反侦察作战。

在冷兵器时代，侦察的方式比较单一，反侦察也更容易一些。比如交战一方可能会派出斥候对敌军扎营的区域或行进路线进行侦察，从营区的范围、火堆数目、脚印、行军宽度等方面进行统计，然后根据经验判断敌军人数、行进方向、可能停留的地点。这样的话，如果被侦察一方刻意制造出一些假象，让侦察一方获取假情报、假信息，从而影响到对方的判断，无疑更能掌握主动权。

在战国中期，有一个著名的战役叫"马陵之战"。当时魏国派兵攻打韩国，包围了韩国首都新郑，韩国向齐国求救，齐王派田忌、田婴、田盼为将，孙膑为军师，直入魏境。魏将庞涓闻讯立刻回国救援，率领大军追击齐军。在齐军撤退途中，孙膑命令兵士第一天挖10万个做饭的灶坑，第二天减为5万个，第三天再减为3万个。庞涓一见大喜，认为齐军撤退了3天，兵士就已逃亡过半，便兼程追赶。庞涓赶到马陵时天色已晚，命兵士点火把照路。火光下，只见一棵大树被剥去一块树皮，上书"庞涓死于此树之下"8个大字。庞涓顿悟中计，刚要下令撤退，齐军伏兵已是万箭齐发。魏军进退两难，阵容大乱，自相践踏，死伤无数。

现代战争中的反侦察更倾向于技术，如针对雷达进行干扰、反监听等。比如对某一部雷达实行干扰，需要测定雷达的工作频率和脉冲重复周期以及雷达所处的方位，从而控制干扰机在这个频率和方向上集中功率，取得最佳干扰效果。

相传孙膑是著名军事家孙武的后代，所著的《孙膑兵法》是中国古代的最著名军事著作之一，也是《孙子兵法》后"孙子学派"的又一力作。

马陵之战示意图

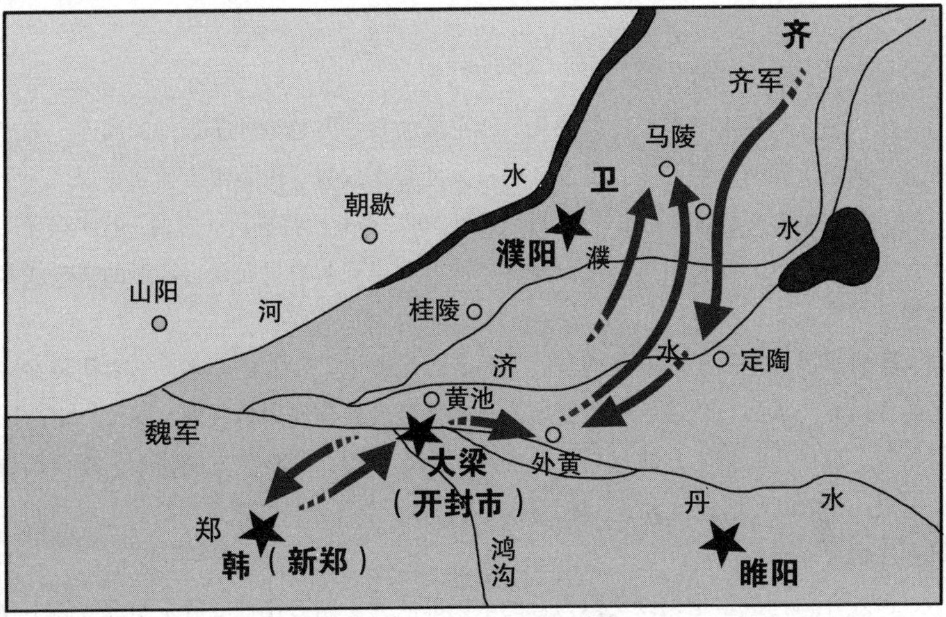

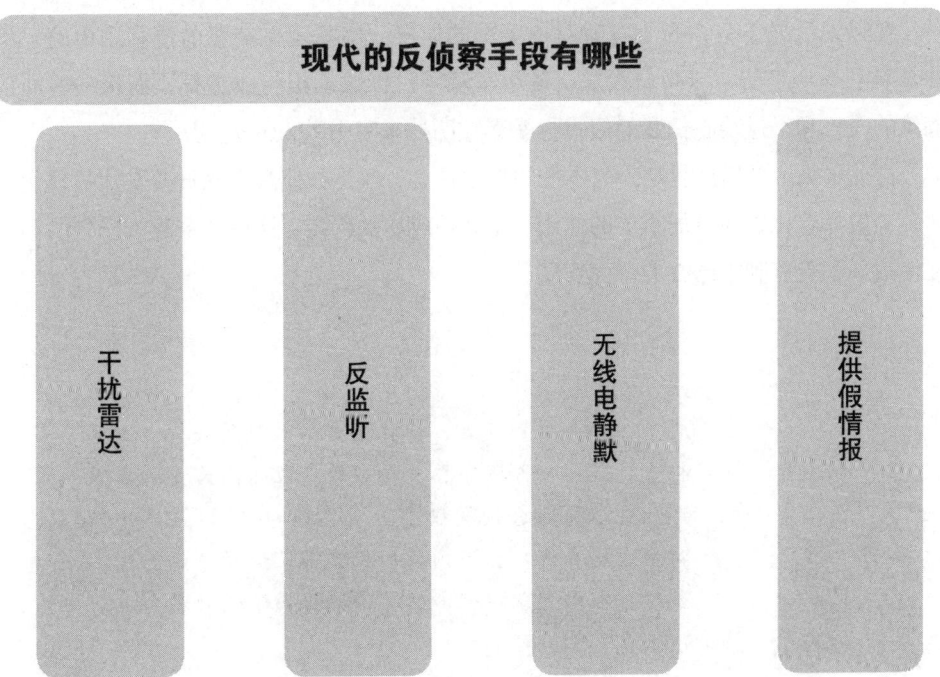

现代的反侦察手段有哪些

干扰雷达

反监听

无线电静默

提供假情报

伪装也是反侦察的一种吗

在侦察方式越来越多样化的现代，似乎被侦察一方总是处于被动的局面，如果爆发了战争，如何来躲开敌方侦察，进行反侦察作战呢？正是由于侦察在现代战争中的作用愈加重要，如果利用好敌方侦察的时机，对其侦察进行一定的干扰、误导，不仅可以防止敌方窃取情报，反而能够令敌方因得到假情报而做出错误的战略战术部署。

反侦察最基本的手段就是伪装。"兵者，诡道也。"古往今来，军事伪装在战场的作用尤为重要，伪装手段由原始的自然伪装发展到使用伪装网、迷彩、雷达反射器等。现代伪装技术是通过巧妙的伪装来隐真示假，蒙蔽敌方的侦察。现代伪装集电磁、光学以及信息技术于一体，进入陆、海、空、天、电磁及网络等全维空间，堪称战场魔术师。

1991年海湾战争中，以美国为首的多国部队为了制造在科威特东南部实施主攻的假象，以仿真坦克、仿真火炮与电子欺骗相结合的手段在这一地区"部署"了一支"师规模"的部队，而主力部队则向西转移了200多千米后才发起了真正的主攻。

在科索沃战争中，为了有效对抗美军的侦察，南联盟在空袭前便利用山地、丛林等有利地形将防空导弹、火炮、装甲车辆等目标藏入山谷或丛林，而将一些准备淘汰的飞机和经过精心伪装的假目标暴露在明处来吸引敌人的火力。

由此可见，虽然伪装是一门古老的战术理念，但是在侦察手段日益发达的现代，伪装却发挥着比以往更加重要的作用。尤其是成功的伪装，往往会令敌方产生误判，促使战局朝着有利于己方的一面发展。

1990年8月2日，伊拉克军队入侵科威特，推翻科威特政府，并宣布吞并科威特。以美国为首的多国部队在取得联合国授权后，于1991年1月17日开始对科威特和伊拉克境内的伊拉克军队发动军事进攻。最终，多国部队以轻微的代价取得决定性胜利，重创伊拉克军队。

现代伪装的几种形式

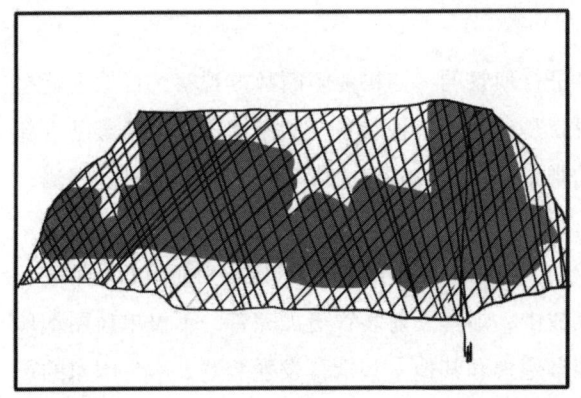

◀ 伪装网

用于伪装遮障器材，在战场上是兵器装备、军事设施等军事目标的"保护伞"

▶ 迷彩

由绿、黄、茶、黑等颜色组成不规则图案的一种保护色。它的反射光波与周围景物反射的光波大致相同，不仅能迷惑敌人的肉眼侦察，还能对付红外侦察

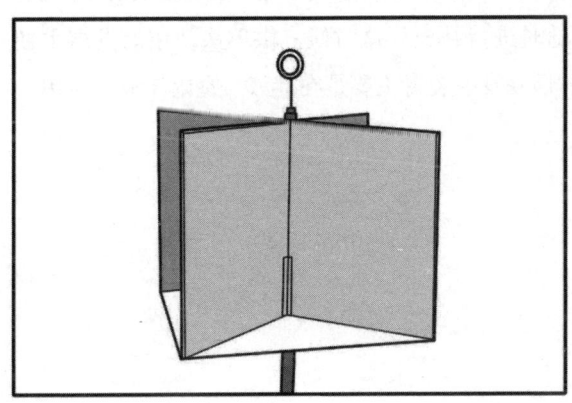

◀ 雷达反射器

是一种不规则的针对雷达波的反射装置，当雷达电磁波扫描到角反射后，电磁波会在金属角上产生折射放大，产生很强的回波信号，在雷达的屏幕上出现很强的回波目标，如令敌方雷达误以为得到的信号是坦克或者军用车辆

015 利用烟幕来反侦察

许多侦察装备都是通过观察来进行侦察的，如果能阻断敌方观察，自然也就起到了反侦察的效果，烟幕发射装置就是这样的一种装备。利用烟幕可以隐蔽己方部队的行动和其他目标，妨碍敌方的观察和射击，并对光学、电子技术器材的观测、瞄准等还能构成无源干扰。

利用烟幕进行反侦察始于第一次世界大战，当时出现了结构较为简单的发烟罐、发烟手榴弹等武器。第二次世界大战中，烟幕发射装置更加完善，不仅单兵用烟幕弹被广泛使用，还出现了炮射的烟幕炮弹和其他一些烟幕发射装置，不少国家的军队装备的发烟器材多达数十种。第二次世界大战结束后的一段时间，烟幕发射装置并不受重视，直到1973年在第四次中东战争中，各方都利用烟幕来干扰敌方侦察，重新引起了人们对烟幕发射装置的重视。从此，许多国家的军队都加紧了对烟幕发射装置和烟幕效果的研究，现代的烟幕发射装置逐渐完善。

现代战争中，烟幕主要集中使用于掩护部队的作战部署，保障部队突破敌方防御、强渡江河，遮蔽军事基地、桥梁、渡口和其他重要目标或者利用烟幕迷惑敌人。使用烟幕有很多要注意的事项，首先要正确地选择发烟地区，避开高地、深沟、洼地和森林，否则很可能对己方行进造成影响。其次，烟幕的面积一定要大，烟幕面积一般要大于掩护目标若干倍，并避开目标中心，使敌方难以判明目标的具体位置。使用烟幕还要切实掌握气象情况，风速较低时对施放烟幕最为有利，如果空气对流强烈，烟幕持续的时间和烟幕效果都会受到明显影响。

当需要对大部队进行烟幕隐蔽时，会动用多种烟幕发射装置，以烟幕发射车为主，同时以烟幕火箭弹、航空烟幕弹等随时进行补充。这时候，供单兵使用的发烟手榴弹就派不上用场了，这类单兵使用的烟幕发射装置主要是在巷战、室内作战时使用。

发烟手榴弹

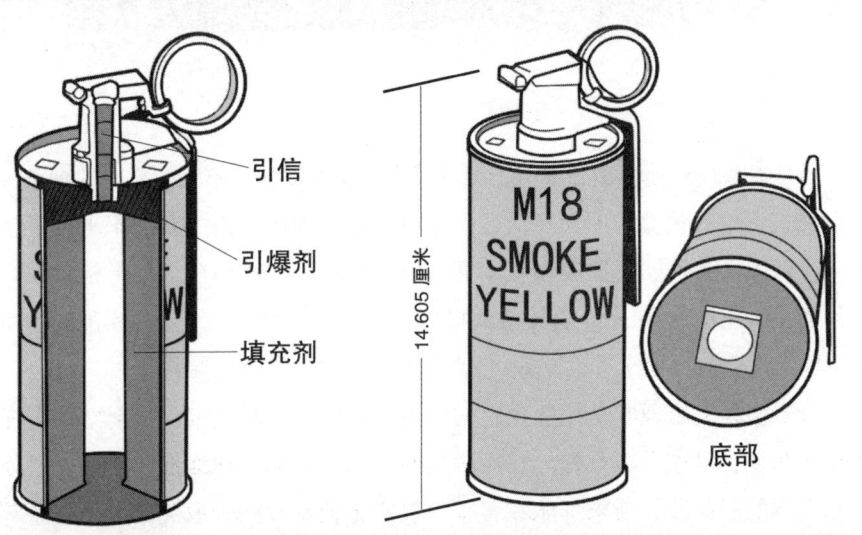

发烟手榴弹属于升华型烟幕发射装置,利用引爆剂燃烧反应引起填充剂升华,在空气中凝结成烟

M56 土狼式涡轮发烟车

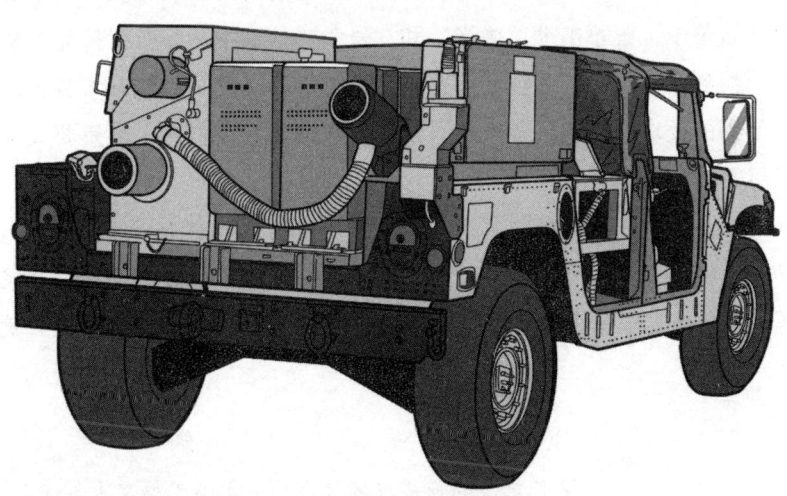

发烟装置位于车辆后段,以高温雾化烟雾油与石墨粉的方式,产生烟幕。这种烟幕能对光电磁波产生吸收、反射、散射的作用,进而妨碍红外线、激光、雷达等导引武器的效果,使敌攻击产生误差

怎样躲避卫星侦察

卫星侦察具有侦察覆盖面大，范围广，传输速度快，不受国界和地理条件限制，情报切实可信等优势，因而备受各国军方青睐，现已成为主要的军事情报侦察手段之一。以美国为例，目前美军至少拥有电子侦察、照相侦察、导弹预警和海洋监视等各类在轨卫星50余颗，直接或间接担负着军事侦察任务。但在实战运用中，侦察卫星也常常会被反侦察手段欺骗。

由于侦察卫星通常是按照预定的轨道飞行的，飞临侦察目标上空执行任务时通常规律明显，易被敌方掌握。在冷战期间，苏军定期向作战部队通报美军侦察卫星飞临上空的时间段，要求部队在美军卫星实施侦察期间采取关闭电子设备等措施，避开美军卫星侦察。

这种规律性飞行令侦察卫星对同一侦察目标实施再次侦察时有一定时间间隙，给对方利用这一间隙进行机动提供方便。如科索沃战争期间，南联盟军队利用美军侦察卫星飞临上空时的间隙迅速移动，躲避美军轰炸。

还有一点，卫星侦察数据下载解密时间较长，为对方采取相应措施争取足够的时间。海湾战争中，美军出动"微米"和"号角"侦察卫星窃听伊拉克军队的通信信号，在侦察到情报之后，下载和解密通信信号需要十几分钟到几十分钟，这为伊军争取了足够的反应时间。战争期间，伊拉克革命军事委员会一名重要成员正是利用侦察卫星这一弱点成功逃脱美军打击。

除此之外，恶劣的气候条件、封闭的网络环境等都能对卫星侦察造成影响。科索沃战争中，南联盟将一些陈旧淘汰的飞机暴露在停机坪上迷惑美军，并采取无线电静默等手段防止美军窃听。伊拉克军队则广泛使用内部光纤通信防止美军窃听。

虽然卫星的侦察范围很广，但是由于卫星本身运行、传输资料都需要一定时间，加上气候、天气、天体等因素都可能对卫星信号的传输产生一定影响，因此卫星侦察也存在一些盲区。

卫星侦察的过程需要耗费不少时间，虽然侦察起到了作用，但往往会影响到实际作战效果

卫星侦察 → 传送回地面 → 地面解密 → 发往卫星 → 传送给打击部队

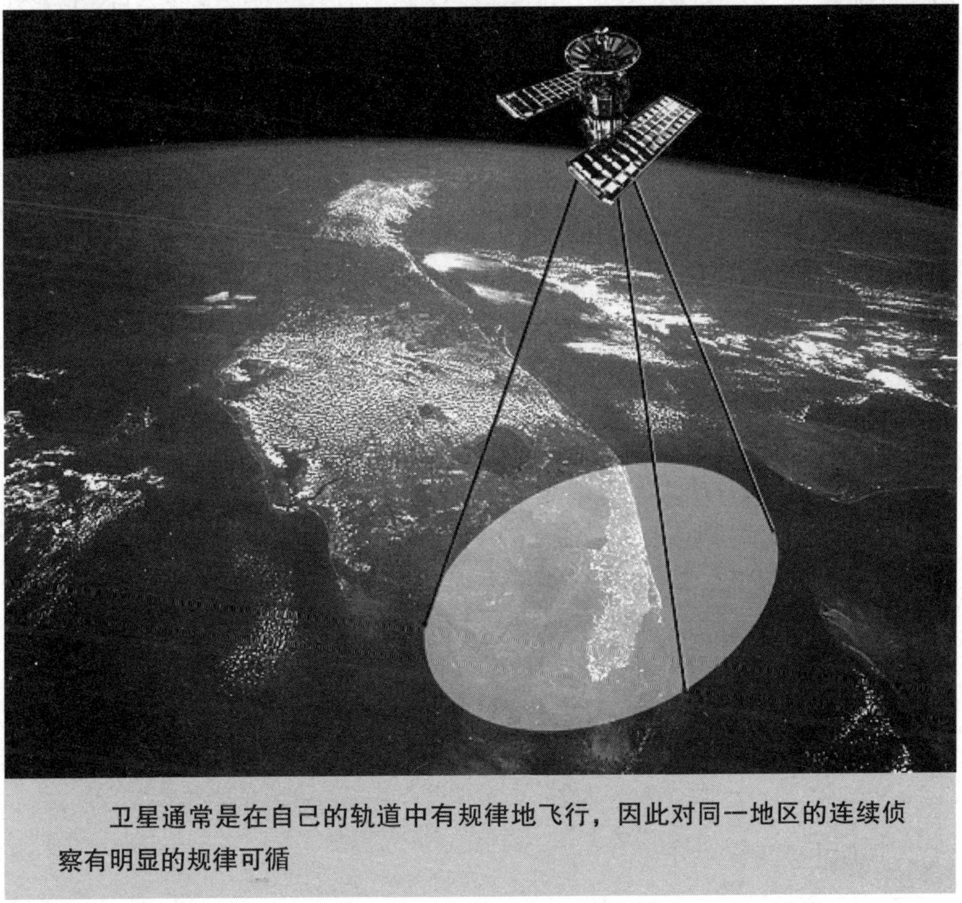

卫星通常是在自己的轨道中有规律地飞行，因此对同一地区的连续侦察有明显的规律可循

017 主动的反侦察手段有哪些

无论是伪装或者是趁着侦察的空隙避开侦察，都只能算是被动的反侦察手段，在某些时候，主动的反侦察手段可能更加有效。那么，主动反侦察手段又是什么呢？

现代战争中，封锁或切断敌方情报来源最有效的措施就是对敌方侦察部队和装备实施主动攻击或干扰，以攻代防。这就是所谓主动的反侦察手段。

通常，交战双方会互相侦察，侦察手段就包括了卫星侦察、出动侦察机、无线电侦察、侦察兵等方式。以应对侦察机的侦察为例，首先要及时获取敌机来袭的情报，同时要避免己方的雷达遭到打击。这时候，防空预警就显得尤为重要。对侦察机的预警往往会采用分段接力的办法，即采用远程雷达和近程雷达对敌机进行分时分段的接力搜索。一部雷达在侦察到敌机之后，迅速发出信息，然后立即关机，以免被敌方的雷达装置定位，遭到打击。

因为要对某一部雷达实行干扰，需要利用侦察接收机测定雷达的工作频率和脉冲重复周期以及雷达所处的方位，从而控制干扰机在这个频率和方向上集中功率，取得最佳干扰效果。而雷达迅速关闭之后，敌方无法测定到详细的信息和方位，难以发现雷达的存在，那么就达到了反侦察的目的。

在接收到前方雷达发出的预警信息之后，可以采用地面防空炮火与防空导弹相结合的方式，构成严密的火力配置，对敌方侦察机进行打击。这种防空打击力求击落敌机，即便无法做到，也能尽量影响到敌方侦察机的侦察，令其无法飞抵预定空域。

同样，对于卫星侦察、无线电侦察、侦察兵等侦察方式，也都可以采取类似的方法，以主动攻击的形式进行反侦察。

电子战是主动反侦察的重要作战形式，敌对双方争夺电磁频谱使用和控制权的军事斗争，包括电子侦察与反侦察、电子干扰与反干扰、电子欺骗与反欺骗、电子隐身与反隐身、电子摧毁与反摧毁等，令对方变成"瞎子""聋子"。

主动侦察手段

雷达侦察 → 干扰雷达

侦察兵 → 派遣侦察部队搜索敌方侦察兵

侦察机 → 防空预警、打击侦察机

反侦察手段

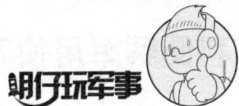

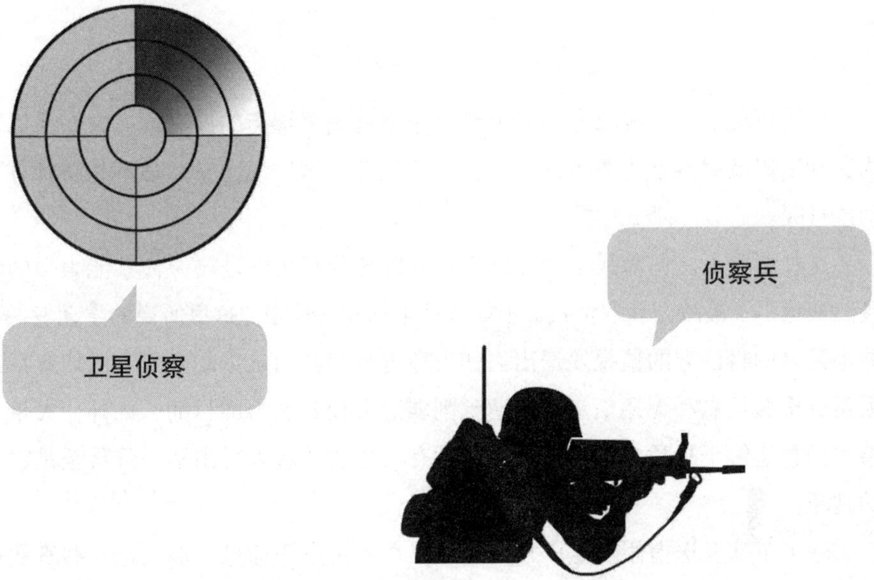

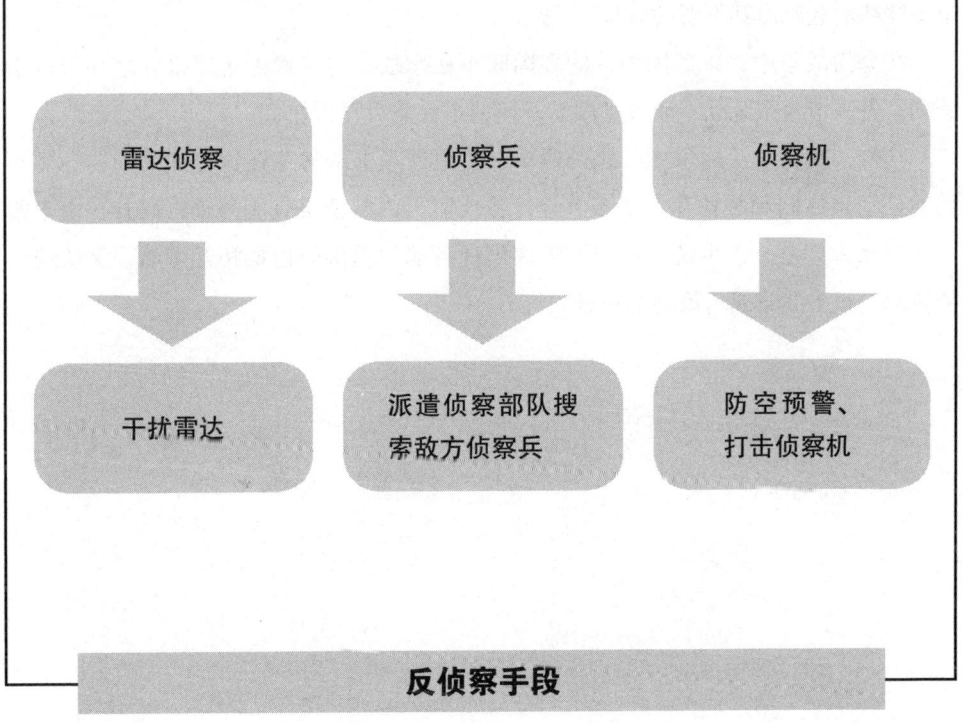

018 假情报也能反侦察吗

一般情况下，交战双方的实力对比总不是完全均衡的，进攻一方在武器装备、物资补给以及侦察能力等方面往往占据着优势。这样说起来，是不是防御方只能被动挨打呢？

这种情况下，作为战争的防御方，可以充分利用好进攻方侦察能力强的特点，既然避免不了被敌方获取情报，不如选择主动发送情报。这里所说的主动发送情报，并不是真的将己方的情报发送出去任由敌方截获。而是主动向敌方的侦察系统发送大量的虚假信息和无用信息，以达到削弱敌方侦察能力的目的。此外，大量真假混杂的信息能够干扰敌方的处理进程，还有可能诱使敌人得出不一致甚至是完全相反的判断。

除了全部发送虚假信息以外，还可以在大量虚假信息中混杂进一些真实信息，比如"×××日×××部队向×××地移动"。如果敌方一直截获的是这样真真假假的信息，即便看到其中的真实信息，也很难进行判断或核实。这样的话，在战争中往往能起到出其不意的效果。

在海湾战争中，以美国为首的多国联军在作战中便发现由于情报处理环节过于繁琐、各国情报系统互不兼容等因素，使情报效益大打折扣。

同样，在科索沃战争中，北约盟军在情报处理上依然存在这方面的问题。盟军的通信情报体制和装备存在诸多差异，造成盟军内部情报交流困难；此外，由于盟军情报来源广泛、缺少统一归口，多次出现各部门提供的情报相互矛盾、无法统一的情况，很多战略战术策略都很难制订。

敌方侦察系统

各式各样的情报

主动发送假情报，任由对方截获

假情报中掺杂真情报

令敌方侦察系统产生混乱

43

专题：情报的重要来源——间谍活动

最早开始，间谍是用来刺探军事方面的国家机密，但现今则蔓延至企业方面（俗称商业间谍）。现时，有不少国家都会惯常地派出间谍去监视自己的敌人和盟友，但他们从不将这些资料透露给大众。另外，经常运用间谍的国家，往往都会去组织一个或多个特别的公司或团体来掩护其行动，例如：国际私人军事保安组织（SCG International Risk）。

间谍活动主要用于战略侦察，也可用于战役侦察、战术侦察。战略谍报侦察的基本任务是了解侦察对象的政治、军事、经济、科技等重要机密情报，为国家和军队制定方针、政策、作战计划提供依据。战术谍报侦察则更侧重于侦察敌方军力的部署、作战装备的情况，帮助己方指挥人员制定战术策略。

间谍侦察的主要目标是决策机关和机要部门。基本做法是采用各种手段建立谍报网，获取情报的方法有观察、刺探、密取、窃听等。间谍侦察的指导思想因国家性质和传统影响而不同。有些国家往往采取政治讹诈、制造把柄等手段来招募人员。在间谍侦察过程中，存在着间谍与反间谍的复杂斗争，于是出现了"双面间谍""多面间谍""逆用间谍"等名目。这种斗争通称为"间谍战""谍报战"。

在两次世界大战中，间谍侦察为交战各方广泛使用。军事间谍能影响国家安全，操控军事胜败的程度。第二次世界大战后，这种侦察方式得到迅速发展，多数国家皆有此特殊的专职单位，遴选各种人才，投入大量经费，采用先进技术器材，广泛从事谍报活动，从事搜集相关情报收集与反制工作。

第二章
监视与通信装备

019 望远镜能在夜间使用吗

这里所说的望远镜是指军用的双筒望远镜。双筒镜也可以由两个短的折射望远镜组合，用于观看遥远的目标。使用双筒望远镜，使用者可同时以双眼观察远处景象，而且双筒望远镜比单筒望远镜提供更高的深度和距离感。

常见的双筒望远镜的大小正好适合双手托拿，它包括内部的反射系统，这个系统可以缩短望远镜的长度，使它短于透镜的焦距。常见的双筒望远镜是伽利略式（早期的双筒镜都是伽利略式的光学设计，使用一个凸透镜和凹透镜制做）或者使用棱镜来呈现一个正像。

双筒镜常为了预期的特殊用途设计。一般双筒望远镜都有标示物镜口径、倍率与视场等数据。比如标示"7×50"说明该双筒望远镜倍率为7倍，物镜口径为50毫米。倍率为7倍就如同将物体拉近7倍距离的影像，物镜口径决定了能够吸收多少光线来成像。

双筒望远镜用于军事的历史非常悠久，军事使用的双筒镜一般会比民间使用的沉重些，也会避免使用易损坏的中央调焦而采用独立调焦的对焦方式。棱镜上也会以层层的镀铝来保护，不会在潮湿的时候失去反射的能力。除了帮助看清远处的景象，为军事用途设计的望远镜，还有一个视觉上的距离标尺，可以判断或估计距离。

现代军用望远镜大多是红外线望远镜，这种望远镜可以感应到红外线，所以可以在夜间使用，而且能在密林里方便地发现人或动物。红外线望远镜通过光电转换，把红外线转换成电子流，令电子倍增，最后电子打在荧光屏上，变成可见光。

1945年夏，美军登陆进攻冲绳岛，隐藏在岩洞坑道里的日军利用复杂的地形，夜晚出来偷袭美军。于是美军将一批刚刚制造出来的红外夜视仪紧急运往冲绳，把安有夜视望远镜的枪炮架在岩洞附近，当日军趁黑夜刚爬出洞口，立即被一阵准确的枪炮击倒。洞内的日军不明其因，继续往外冲，又糊里糊涂地送了命。夜视望远镜初上战场，就发挥了重要作用。

军用双筒望远镜

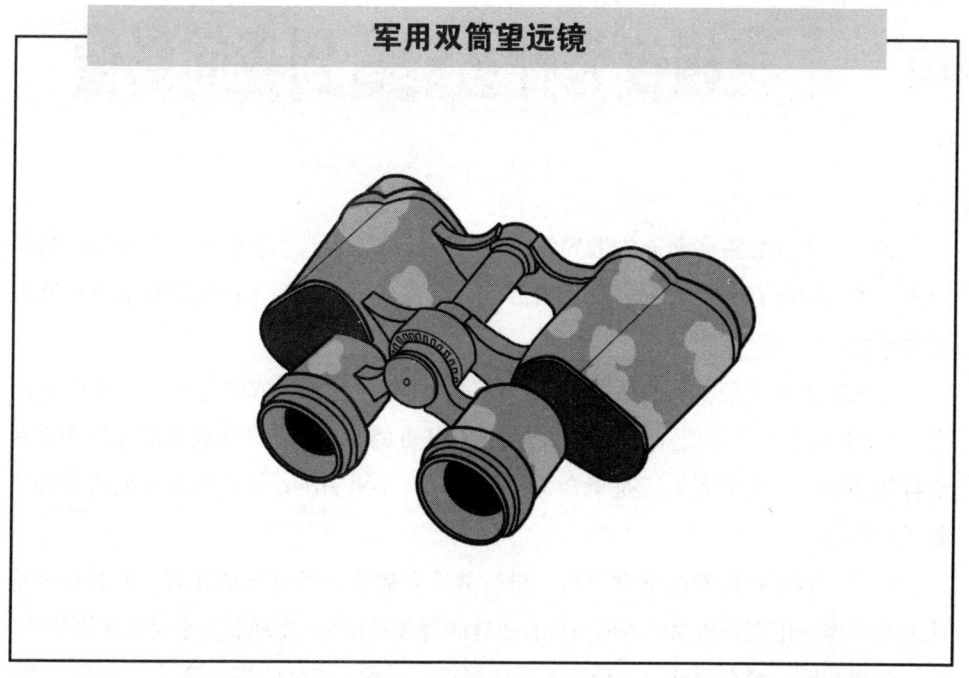

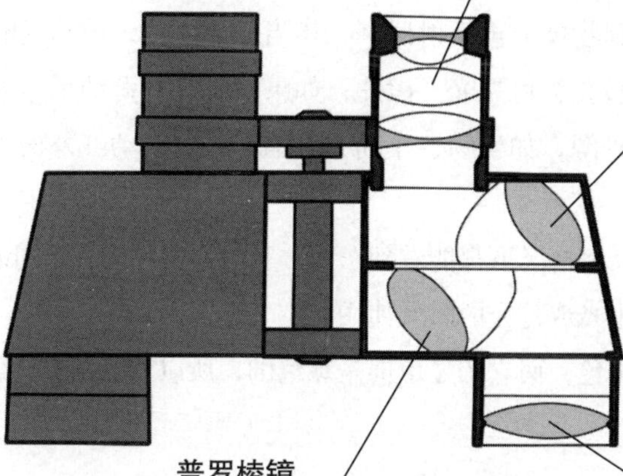

典型的以普罗棱镜设计的双筒镜

夜视仪为什么能看到夜间影像

如今，夜视装置逐渐成为世界各国军队的标准装备，就连警察也会使用。这是因为人类的肉眼在夜晚时视力会极端低落，需要利用光学电子机器制作的夜视装置增强视力。

夜视装置不仅是军队的标准装备，也是夜间战斗时不可或缺的装备。美军在20世纪80年代成立了以夜视装置进行夜间飞行任务的专门部队，也就是陆军第160航空特战团——"夜袭者"，是集合了精英士兵，使用MH-6等直升机来完成各种严酷任务的部队。

此外，对于在夜晚的低空飞行、进行战斗救援或让特种部队降落、回收特种部队的特种作战用直升机MH-60G或MH-53J的驾驶员而言，夜视装置也是必不可少的。

夜视装置一般有两种：一种是微光夜视镜，一种是红外线夜视镜。

微光夜视镜是把微弱的光放大了，使之在视线中呈现清晰的画面，所以，在完全没有光的情况下，微光夜视镜是看不到东西的。

红外夜视镜又分两种，一种是主动式的，一种是被动式的，主动式的就是夜视镜发出一束红外线，照到物体上再反射回来，相当于手电筒；被动式的则是把物体自身发出的红外线放大转化为可见光。因此，如果没有红外源的话（大多数能产生热量的东西都能成为红外源，如生物、车辆、火焰等），被动红外夜视镜也是看不到东西的。

主动红外夜视镜在任何情况下都能看到东西。不同的夜视镜有不同的适用场合，微光夜视镜适合野外有星光或月光的时候使用。

因为夜视镜只显示单色，而它的显示屏是绿色的，所以看到的都是绿色的。

夜视仪在无论多暗的光线下，都能看到目标，但是夜视仪在白天是不能使用的。同时其放大倍数有限，观测距离也有限，最远的夜视仪在夜晚观测距离也不可能超过500米。

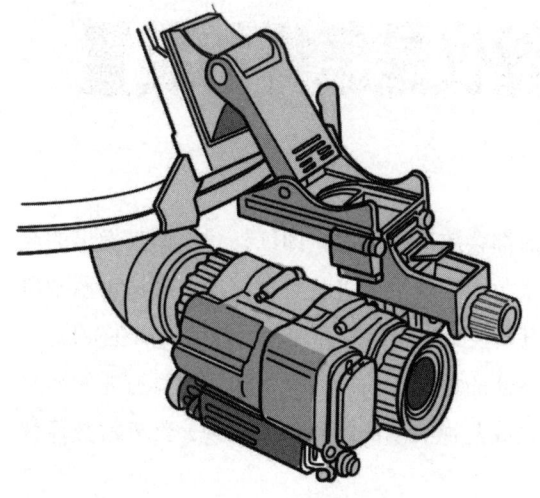

▸ AN/PVS-14

美军使用的单眼式第 3 代夜视装置具有小型、轻量等特征，经常被特种部队所使用。这种夜视装置可以安装在头盔上，不需要使用时能够抬起固定住。由于用单眼看物体更容易掌握距离，所以更适合与红外线瞄准镜等搭配作为瞄准装置使用。其在星光下可以的观察范围约为 350 米

▸ AN/PVS-7A/C（Gen II）

目前美军中步兵或车辆驾驶员使用的夜视装置就是 AN/PVS-7，此外三角洲或绿色贝雷帽等特种部队也会用到。虽然统称为 AN/PVS-7，但具体可分为第 2 代的 AN/PVS-7A/C 和第 3 代的 AN/PVS-7B/D 两种，它们外形不同，后者的性能更高。因为是以双眼观看的夜视装置，所以可以在监视任务中或是夜间作战时与红外线瞄准镜、全像瞄准镜等搭配使用。AN/PVS-7B/D 的倍率是 6 倍，在星光下的可见距离是 100 米，在月光下则可观察到 1500 米的物体

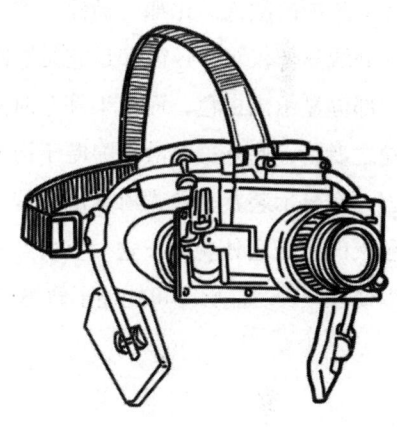

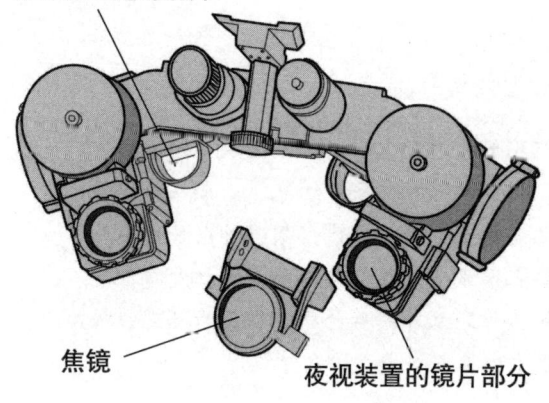

特殊加工过的镜片

焦镜

夜视装置的镜片部分

▸ AN/PVS-21

AN/PVS-21 和过去装置最大的不同就在于，它是全像夜视装置，起初是为了飞机驾驶员等飞机乘员而开发的。使用者透过特殊加工的镜片观看前方时，夜视装置的影像会被投影在镜片上。此外还可以将显示距离用的刻度投影在镜片上，而且同红外线热像仪合并使用时还能够显示红外线的影像

49

红外线热像仪是怎样的装置

所有高于绝对温度零度的物体表面都会放射出热能，即红外线，而且发出的放射线量和温度之间存在一定的比例关系。而红外热像仪就是根据这一理论为基础研制的，通过捕捉物体发出的红外线，将其转换成电子信号并加以处理后显示在荧幕上。

在黑夜或因为天气不好导致视野不佳的情况下使用红外线热像仪具有非常明显的优势。对于需要在敌方阵地进行侦察或监视活动的特种部队来说，红外线热像仪是一种能够大幅提升工作效率的装置。

红外线热像仪的另一大优势就是可以看出时间的经过（热痕迹）或是躲在树木及草丛中的敌人。比如一辆停止的车子，以夜视装置观察只能看见车子本身，若以红外线热像仪观察还能知道它是否刚使用过。刚熄火的车子因引擎部分还很热所以这部分显示出白色，而如果停车时间较长，那么引擎的热度就会消失，车身的颜色随之变暗。此外，当敌人隐匿于树木或草丛中时，由于人体发出的热能比植物高，因而在显示装置上敌人所处的位置会比周围部分更白，使用者可以据此清楚地知道敌人的藏身之处。由于这一点，红外线热像仪经常被运用在侦察机的侦察装置上。以便在摄像时能够尽可能地了解飞机使用的状况、基地的活动情况等。

可见光是指肉眼可见的光波域从400纳米（1纳米=10^{-9}米）（紫光）到700纳米（红光），而波长760纳米到1毫米之间的光称为红外线，是一种肉眼看不到的光。借助一些光学设备，我们可以感受到红外线，通常红外线摄像机接收到红外线后会将其转化为可见的绿光，我们的肉眼永远见不到真正的红外线。

红外线是一种眼睛看不到的光线,因波长不同可分为:

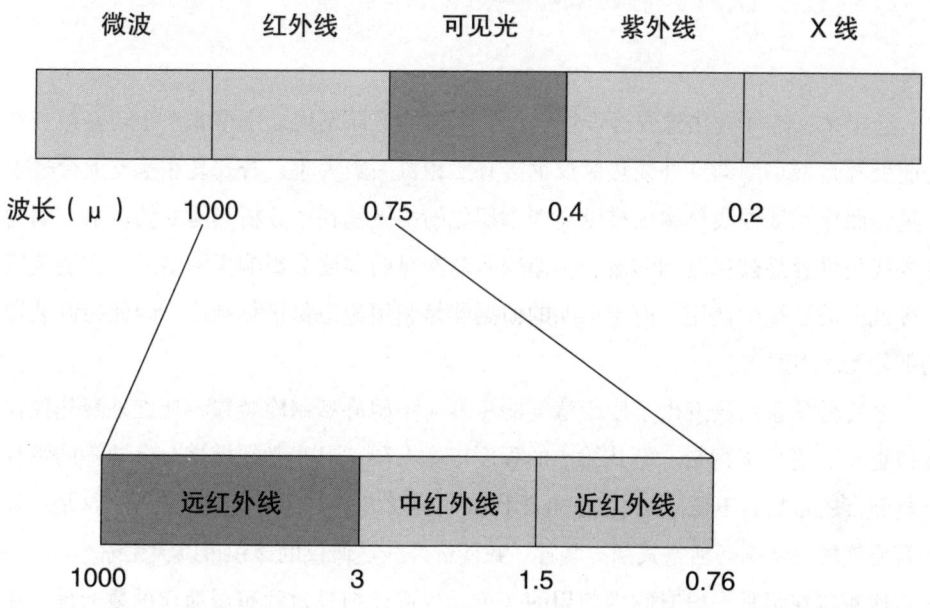

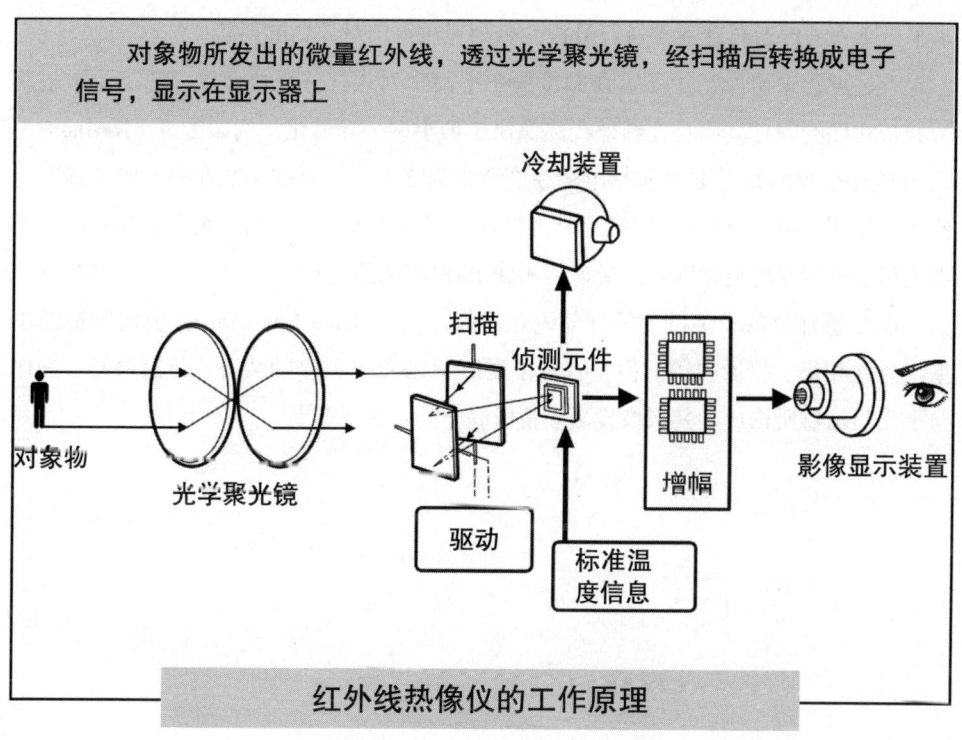

对象物所发出的微量红外线,透过光学聚光镜,经扫描后转换成电子信号,显示在显示器上

红外线热像仪的工作原理

日益小型化的红外线热像仪

近年来，红外线热像仪逐步往轻量、小型的方向发展，变得非常小巧轻盈。在之前就算是最小型的红外线热像仪也会有照相机一般大小，若安装在枪支上会过于笨重。而导致红外线热像仪难以实现小型化的关键就在于分析热能的侦测器。因为红外线是最容易被探测到的波长，但探测器本身的温度会影响探测结果，需要放置于极低温的环境中使用。由于早期的侦测器是利用液态氮进行制冷，因此冷制装置的部分无法小型化。

之后科学家们研发出了使用氩气的焦耳－汤姆逊型制冷装置，让红外线热像仪变得更小，更易于携带。但其缩小的程度毕竟有限，对于必须携带众多装备的特种队员而言还是颇为不便。20世纪90年代末期研发出了史特灵式制冷装置，这是一种不需要气瓶的闭循环活塞式制冷装置，致使红外线热像仪的体积得以大大缩小。

侦测器在很长一段时间内使用的是单元件或让扫描过程稍微简化的复元件。使用单元件侦测时只能测到对象物的1点，需要利用反射镜进行折射，扫描对象物的水平、垂直方向后再让元件进行分析，否则无法得出对象物的形状。

不过近年来研发出了不需要制冷的焦平面阵列式红外线热像仪，解决了被限制的波长元件的问题，而且让红外线热像仪更加小型、轻量化。例如雷声（Raytheon）公司制造的W1000等装置包括电池在内重量为2千克，可以加装在枪上作为瞄准镜使用。使用标准15度监视用镜片时可以侦测到600米远的距离，视野较为有限，若换成狙击用的9度镜片则可以最远侦测到1000米远的人物。

现在还有装备于手枪上的红外线热像仪，例如Arion International公司制造的小型红外线相机、摄影机等。但它有别于类似W1000等独立的装置，是由摄影、操作与平面显示器所构成，其影像投影装置以底座固定在头盔上。

红外线热像仪

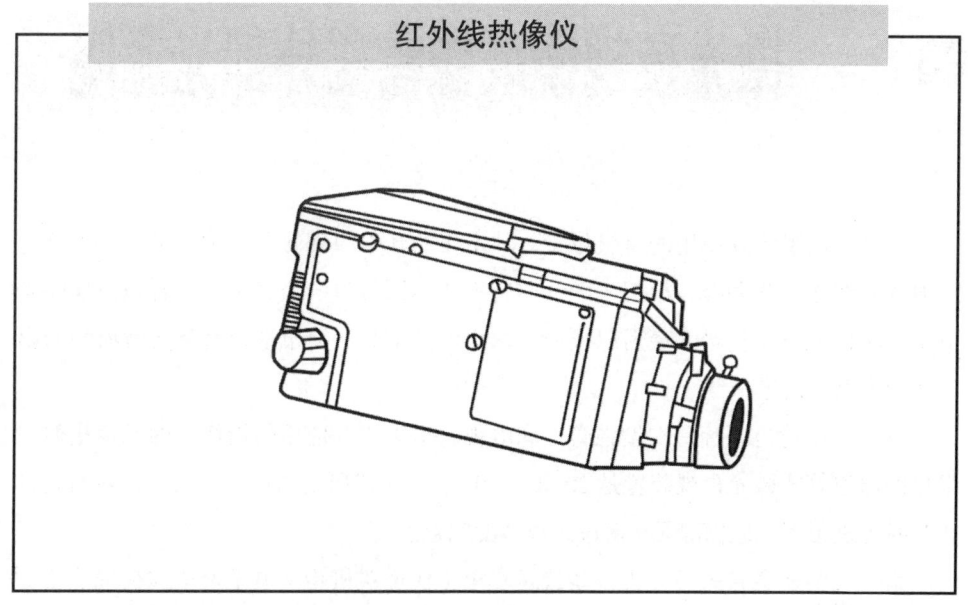

雷声公司制造 W1000 红外线热像仪

W1000

在 M4A1 上装备着 W1000 红外线热像仪的三角洲队员

023 微光夜视镜成像需要外部光源吗

大多数夜视装置使用的是摄像管，其工作的基本原理就是通过透镜，将对象物发射的光线送到光阴极，根据光的强弱转换成不同数量的光电子，接着扫描这些光电子，转换成电子信号，最后以摄像管取出电子信号。简单地说就是将对象物的影像转变为电子信号。

微光夜视镜是一种影像增强管，和电视、摄影机等使用的摄像管的原理相似。最早的通道管式微光夜视装置是 20 世纪 60 至 70 年代研发的产品，虽然现在的装置比当时先进很多，但仍旧无法解决距离感的问题。

第一代的通道管式微光夜视装置是在第 1 代增益机构（电子透镜式夜视装置）之中加入微通道板（MCP），让光量飞跃性地增加。

第二代通道管式微光夜视装置撤除了电子透镜，在中间设置 MCP，尽可能地缩短光阴极与荧光层之间的距离，使装置的体积得以减小，同时大幅度改善了画面的扭曲。虽然光的增幅增加了，但荧光层的亮度还是很暗，不及第一代的影像增强管。也正是基于这个原因，至今为止第一代还使用。如果不打算和感光耦合元件（CCD）相机等一起使用，纯粹用于补强人类的夜间视力作为夜视装置使用的话，轻量小型的产品更为方便。目前通道管式微光装置已经研发到第四代了。

人类可以察觉的光子数量最少也需要 100 个左右，且能够感受到的光其范围很狭窄，以电磁波的波长表示为：400~700 纳米。若利用影像增强管，即使光子的数量较少，也可以增幅成肉眼可见的状态。假如人类肉眼看上去一片黑暗，那么影像增强管则能够将该程度的光子增幅成肉眼可见，具有充分亮度和对比的影像。只要光子分布在某种程度的面积之中，就能够捕捉它们，并显示出影像。不过影像增强管也存在一定的局限性，在非常黑暗的地方必须花费较长的时间才能显示出画面，而且画面质量并不高。

不同世代的增益结构（Image Intensifier）

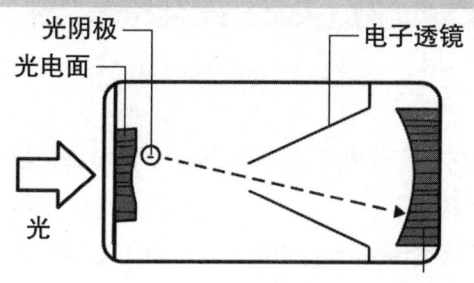

▼ 第 1 代

20 世纪 40 年代作为野战用监视装置而研发的产品，特色是使用了电子透镜，不仅荧光层的亮度高，而且造价便宜，经过改良至今仍在使用中

▶ 第 2 代

第 2 代是 20 世纪 60 至 70 年代研发的产品，同第 1 代一样使用电子透镜，但在内部加装了 MCP 以提高光的增幅率，即使微弱的光也可以探测出来，不过解析度相对有所下降

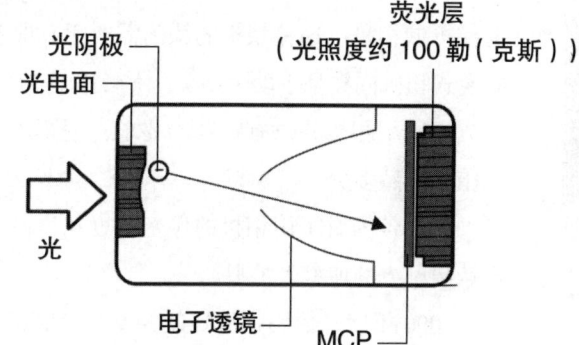

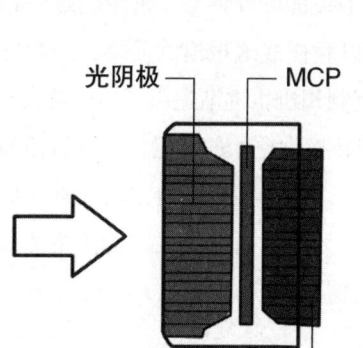

▼ 第 3 代

第 3 代是 20 世纪 70 年代的研发的产品，因为制造技术的与真空技术的进步，光阴极和荧光层的距离缩短，使装置变得更为小型。与第 2 代相比，画面扭曲度有好转，解析度得到了提高

▶ 第 4 代

第 4 代是 20 世纪 80 年代研发的产品，在第 3 代的基础上加装了可以让电子倍增的电压，由于是脉冲模式，所以可以加上快门和 CCD 相机一起使用

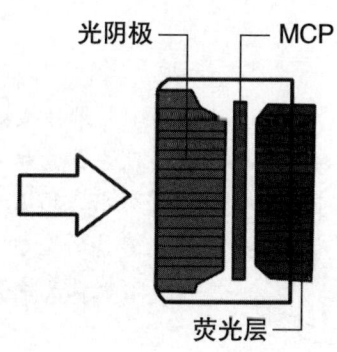

百科图解军用侦察装备

024 军用的侦察相机有什么特别之处

相机是侦察任务中必不可少的工具,它能完整地记录到所侦察目标的全部特征,作为十分可靠的情报来源为己方制订战术提供参考。

作为军用器材,军方尤其是侦察部队对相机有着特殊的要求。由于战场环境千变万化,交由侦察部队使用的相机首先需要具备适应各种环境的能力,防尘、防水、抗摔是必不可少的。另外,考虑到战场环境下物资的供应问题,军用的相机通常会选择机械相机。这种相机的快门需要手动驱动(现在的民用相机以电驱动为主,一些老式相机同样是手动驱动),不必担心电池没电造成无法拍摄。就成像效果来说,这方面军用相机并没有特殊的要求,用军用相机拍摄出来的照片质量并不见得会比民用相机高多少。

通常各国对军用相机的保密程度相当高,也许是不希望敌方通过相机的款式就辨认出己方的侦察人员吧。

2000年后,数码相机日益普及。只要愿意,士兵都可以将易于携带的数码相机作为私人物品带上战场,此时的专业数码相机可以胜任战地报道的需要,因此民用相机承担了大部分的军事题材图片的拍摄,军用定制相机也逐渐退出了历史舞台。

数码相机普及以来,可以将拍摄到的画面直接转换为原始的数码信号进行传输。这也对无线电装置的功能提出了更进一步的要求。以美军为例,前方的侦察人员在拍摄到相关照片以后,会立即将照片输入电脑进行处理,通过无线电传回指挥部。整个过程耗时极短,能够帮助指挥部实时判断战场情况。

看过谍战片的人都知道影片中的间谍总是把相机藏在你意想不到的地方,在关键时刻总能发挥很大的作用。相比于其他相机,谍战用的相机往往有着各种奇特的造型,有的如钥匙,有的像是打火机,还有的可能就是脖子上挂着的项链。

民用相机

- 强调成像效果
- 待机时间
- 技术参数

军用相机

最重要的是可靠耐用

防水、防摔、防尘

025 军用笔记本电脑有哪些用途

　　军用笔记本电脑在特种部队、伞兵部队以及一般步兵部队中都有配备，军用笔记本电脑必须具有小型、轻量、抗冲击、防水性能好等特点。而且，军用笔记本电脑大多都是与无线电通信装置一起配合使用的，因此也要求其具有很高的互通性。

　　特种部队、侦察部队等进行侦察作战的部队对笔记本电脑的要求比一般部队更高。他们所侦察到的一切情报都要通过电脑和无线电传送回指挥部，比如拍摄到的影像情报需要进行简单数字加工，或是要打开收到的影像资料也一样，笔记本电脑还能帮助他们更好地整理收集到的情报资料。此外，特种部队队员往往要在确定对具体目标实施攻击之时引导无人机或者为制导武器提供准确坐标等，都要利用电脑遥控操作。

　　从这些方面来看，用于侦察作战的军用电脑不仅需要具备良好的性能，也必须像其他军用设备一样，具备良好的环境适应能力、可靠性。

　　比如美国为特种部队研发的LT450军用笔记本电脑，外壳为铝合金制成，并镀上了特殊涂层，起到防腐蚀、防刮的效果。整个电脑非常坚固且能在多种作战环境下使用。硬盘容量25G，屏幕为6.1寸，使用电池供电可连续工作2.5小时。

　　另一款由塔迪兰电信公司（Tadiran Communications）公司研发的便携式军用电脑Tacter-31，是供单兵使用的军用电脑，可以连接个人用无线电传送资料或者收发邮件、影像资料。同一支小分队之间可以利用个人电脑之间的局域网进行快速资料交换和共享。

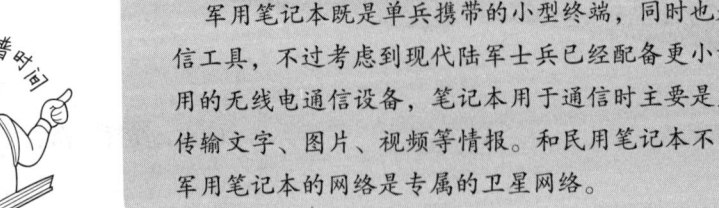

军用笔记本能上网吗

　　军用笔记本既是单兵携带的小型终端，同时也是通信工具，不过考虑到现代陆军士兵已经配备更小型易用的无线电通信设备，笔记本用于通信时主要是直接传输文字、图片、视频等情报。和民用笔记本不同，军用笔记本的网络是专属的卫星网络。

笔记本电脑

针对特种部队研发的 LT450 军用笔记本电脑，外壳为铝合金制成，并镀上了特殊涂层，起到防腐蚀、防刮的效果。整个电脑非常坚固且能在多种作战环境下使用。硬盘容量 25G，屏幕为 6.1 寸，使用电池供电可连续工作 2.5 小时

塔迪兰电信公司研发的便携式军用电脑 Tacter-31，是供单兵使用的军用电脑，可以连接个人用无线电传送资料或者收发邮件、影像资料。同一支小分队之间可以利用个人电脑之间的局域网进行快速资料交换和共享

无线电装备有哪些

无线电在日常生活中的应用非常广泛，从传统的收音机、电视机到现在的手机以及手机的蓝牙均属于无线电。无线电也是特种部队重要的装备之一，那特种部队所使用的无线电有怎样的要求呢？

在侦察作战中，使用的无线电主要用于传送情报、接收命令、进行通信等用途。战斗中，士兵（尤其是特种部队）每人都会携带短距离用无线电，可以直接装在战术背心的袋子中或者挂在腰间。士兵对无线电装备的要求主要有几点：轻量、小型、易用、坚固不易损坏。

即便同样是特种部队，军方特种部队与警察特种部队在无线电选择方面也有不同。军方特种部队的主要任务是侦察、巡逻、潜入、突击作战、反恐作战等，这些任务大多是以人数较少的小部队单独行动。尤其是潜入敌方地区进行侦察要在不被敌方发现的情况下持续很长时间，作战期间几乎不会有任何支援。因此特种部队队员们必须把所有需要的装备都带在身上，包括无线电、夜视装置、武器、备用弹药、食物、饮水、防寒衣物、药品等，需要携带的装备数量非常多。据说在1991年的海湾战争中，率先潜入伊拉克境内的英国特种空勤团（Special Air Service，S.A.S）队员每人要携带将近100千克的装备。无线电是特种部队必不可少的装备，但考虑到装备重量的问题，将其改为小型、轻量，并能远距离收发信号是必然趋势。

在海湾战争中，美国陆军使用的是一种"单频道空地无线电系统"的新型无线电装置。该系统以步兵使用的无线电为基础，升级出车载和机载无线电，将步兵、军用车辆、军用机组合成一个全方位的立体系统。通过该系统，可以传送图照片、情报等信息。为了防止被敌方窃听或干扰，该系统采用了光谱扩散方式，无论是声音还是数据都能直接传输。

谁发明了无线电

关于谁是无线电台的发明人还存在争议，现在普遍认为是尼古拉·特斯拉。1893年，尼古拉·特斯拉在美国密苏里州圣路易斯首次公开展示了无线电通信。在为费城佛兰克林学院以及全国电灯协会作的报告中，他描述并演示了无线电通信的基本原理。

```
                    ┌─────────────┐
              ┌────▶│    轻量      │
              │     └─────────────┘
              │     ┌─────────────┐
 ┌─────┐      ├────▶│    小型      │
 │军用无│     │     └─────────────┘
 │线电的│─────┤     ┌─────────────┐
 │基本要│     ├────▶│    易用      │
 │  求  │     │     └─────────────┘
 └─────┘      │     ┌─────────────┐
              └────▶│ 坚固不易损坏  │
                    └─────────────┘
```

SINCGARS AN/PRC-119

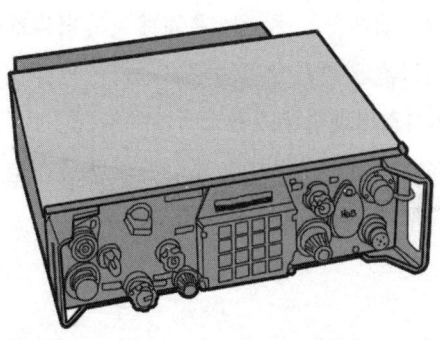

步兵使用的是基本型 AN/PRC-119 背负式无线电，全重约 9 千克，使用 VHF 频段，在这个频段中共有 2320 个频道可以使用，通信距离为 4~8 千米。在 1991 年的海湾战争中，AN/PRC-119 率先被美军特种部队投入使用。由于这种新型通信方式保密性很好，波段和其他无线电明显不同，因此伊拉克军队就算拦截到信号也无法破译

供小团体使用的背负式无线电

027

20世纪90年代以前，背负式无线电大致可以分为地对地使用和地对空使用两种。地对地使用的无线电主要用于地面通信，大多使用的是HF和UHF频段；地对空使用的无线电距离更长，多为VHF与UHF频段。如此一来，如果要分别进行对空或对地通信，必须使用两种无线电，因此同一侦察部队或特种部队也必须同时携带多台无线电装置。

20世纪90年代以后，随着各国军队海陆空一体化程度加强，VHF和UHF频段的无线电在地面部队中愈发普及，而且无线电的通信性能大幅度提升，使用UHF频段的无线电甚至可以进行卫星通信。如今，军方使用的多是能够长距离通信的VHF和UHF背负式无线电，例如美军的AN/SPC-5、AN/PRC-119，功能比老式无线电提升了许多，一台就足以满足一支小部队的需要。

步兵使用的是基本型AN/PRC-119背负式无线电，全重约9千克，使用VHF频段，在这个频段中共有2320个频道可以使用，通信距离为4~8千米。在1991年的海湾战争中，AN/PRC-119率先被美军特种部队投入使用。由于这种新型通信方式保密性很好，波段和其他无线电明显不同，因此伊拉克军队就算拦截到信号也无法破译。

在执行侦察任务时，指挥部会尽量要求侦察人员报告准确的信息。比起直接通过声音来发送信息，通过文字或者专用的密码进行信息传输更加准确。如果仅靠通话的话，一旦因为外部因素出现听错或者未听清的情况，后果不堪设想。除此之外，为了防止信息错误，在一些特种部队中，还会要求队员在电子地图上做出标记以后连同地图一起传送回指挥部，最大限度确保信息的准确性。

亚历山大·波波夫于1895年5月7日在彼得堡物理和化学协会物理学部年会上演示了他制成的一架无线电接收装置——雷电指示器，这一天后来被俄罗斯定为"无线电日"，俄罗斯人认为他才是无线电的发明人。

◀ AN/SPC-5 背负式无线电

AN/SPC-5 是 20 世纪 90 年代末美军开始装备的无线电装置，是美国 Raytheon 公司专门为特种部队研发的。美国陆军的三角洲部队和海军的海豹突击队都在使用这种无线电。AN/SPC-5 使用的频段是 30~512MHz，共有 102 个频道，无论是对地、对空、卫星通信都能实现。同时，AN/SPC-5 可以通过 AM、FM、FSK 等方式进行电波通信，并可以外接小型键盘和电脑，进行数据处理和传输

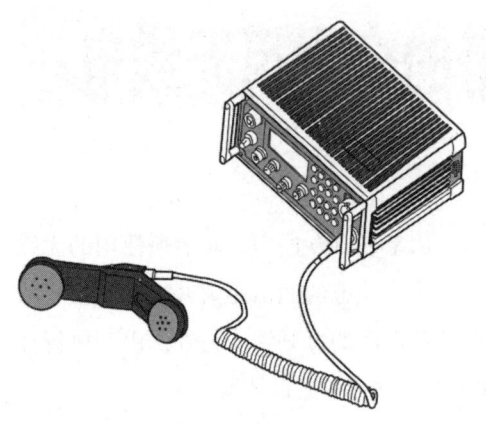

▶ LAT-5B/C SATCOM 无线电

由摩托罗拉公司研制，是一种轻量、小型的背负式无线电，全重仅 3.4 千克。使用的频段是 VHF 和 UHF，可以通过 AM、FM、PM 方式和地面、飞机、卫星进行通信，可以进行文字、语音传送。LAT-5B/C SATCOM 在 20 世纪 80 年代是美军的主要无线电系统，如今已经被 AN/SPC-5 等更新型所取代

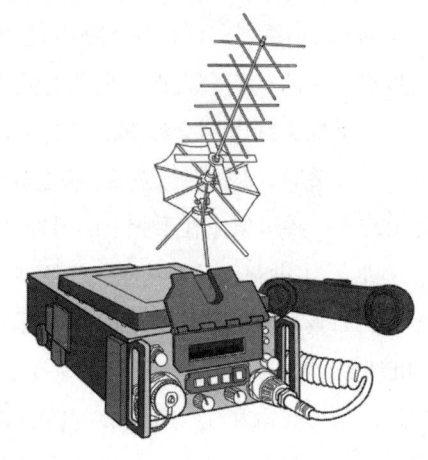

028 单兵随身携带的个人用无线电

侦察部队和特种部队在执行侦察任务时，用来和队友通信、对话所使用的无线电都是个人用无线电，也叫做单兵电台。个人用无线电的通信距离并不远，仅有数百米，更重要的是轻量、小型、抗冲击，保证其性能的可靠性。另外，由于执行任务的过程中常常会在水上、水中作战，防水性也是优先考虑的要素之一。

目前世界各国的特种部队均已采用了个人用无线电，最常见的是摩托罗拉公司出品的 Saber 系列。该系列无线电使用的是 VHF、UHF 频段，灵敏度比较高，可以同步对话。队员们会将无线电装在战术背心的袋子中，并佩戴耳机、麦克风和 PTT 开关，确保无线电不会影响队员行动。PTT 开关是一种压迫式开关，只有在队员按下 PTT 开关时，才能进行通话。这能避免多人同时通话造成信息混乱的情况。近年来，还出现了一种可以戴在手腕上的遥控开关，使用更加方便。

进入 21 世纪以后，其他一些新型个人无线电开始兴起，Saber 系列的地位逐渐动摇，例如美军特种部队采用的多频段小组无线电（Multiband Inter/Intra Team Radio，MBITR）。MBITR 是美军特种部队在 20 世纪 90 年代末期开始使用的个人用无线电，与以往的无线电相比，其最大的特点就加入了隐私保护功能，可使用的频段从 VHF 到 UHF，频段很广，配合美军特种部队使用的背负式无线电表现非常突出。

由美军开创的这种小组无线电很快在世界范围内得到了推广，英、法等国特种部队紧跟美国的脚步装备了同类装置。英军使用的个人用无线电台（Personal Role Radio，PRR）是班或者排一级单位或者特种部队小组内部通信用的短距离无线电，使用的频段是 UHF，可使用频道有 256 个，通信距离 500 米，有专用的耳机和麦克风。

▶ AN/PRC-112B1

AN/PRC-112B1 是新一代战术无线电，不仅可以像普通无线电那样用于通信，而且还内置了 GPS 收发信功能和战术信标，可以直接在陆地与飞机通话。对使用者来说，这个无线电相当于一个黑匣子，一旦出现意外，指挥部可以根据无线电的位置确定士兵所在位置，误差仅有数米。

▲ Astro Saber III

Astro Saber III 是 Saber 系列中最新的同步通话无线电，被 GSG-9 等特种部队所采用

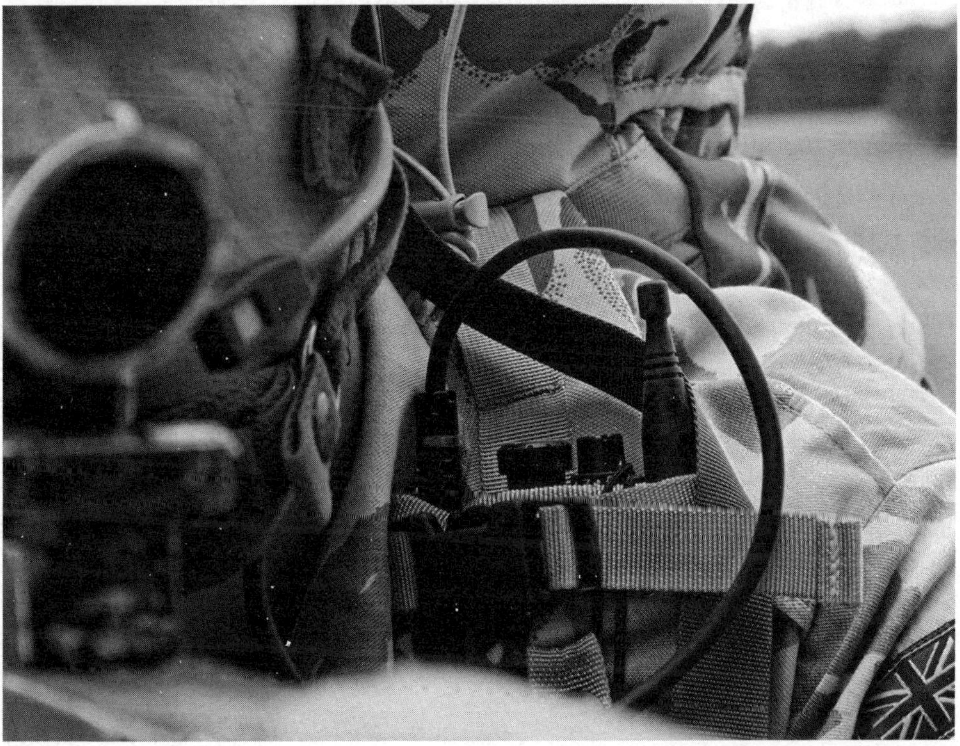

029 无线电通信就是广播吗(1)

无线电波，又称射频电波、电波，是一种电磁波，被应用在无线通信、广播、雷达、通信卫星、导航系统、电脑网络以及其他许多方面。在无线电通信方面，电波是用来传送信息的载体，由发射机和接收机两大模块构成，具有能收能发的双向性。举个例子，收音机可以利用电波接收到信号，但却无法发送信息，因此不能算作是无线电通信装置。

无线电波是由无线电发射机借由交流电经过振荡器，变成高频率交流电，产生电磁场，而经由电磁场产生无线电波，因此具电磁能量。无线电波像磁铁，有同性相斥、异性相吸的现象。同类电子会互相排斥，因此当无线电波射出时，会将前方电波往前推，当连续电波一直射出来时，电波就会在空气中流动、传送。

调制和发射器

需要知道的是，无线电通信并不是直接传送发出的信息，而是一个将这些信息转化为信号波，再将信号波发射出去的过程。每个无线电系统都具有发射器。含有用于调制的系统，发射器的功能借由能够制造出所需振荡频率的交流电源所实现。

其功能是将电源输送来的信号加以修改，并借此传递信息。最简单的调制方法是不时地切断电源，正如拍电报时发报员的工作。这种简单的调制，手工就能完成，而现代无线电通信所需的复杂调制则涉及到许多交流电属性的细微调整，如振幅、频率和相位（而且往往同时调节的参数不止一个）。随后，发射器将调制后的信号传递给调谐过的共振天线，此举能将振荡电流转化为电磁波，并以无线的形式传播（有时会受到偏振的影响）。调幅（Amplitude Modulation，AM）借由调整信号振幅（即信号强度），使之与所要传递的信号的变化相同步，而信送讯息。例如信号强弱可用于描述话筒传出的声振动情况，或者用于确定电视荧幕上某个画素的荧光情况。世界上首个声讯电台采用的便是此种调制方式，而时至今日它仍被广泛使用。AM目前常用于中波广播电台。

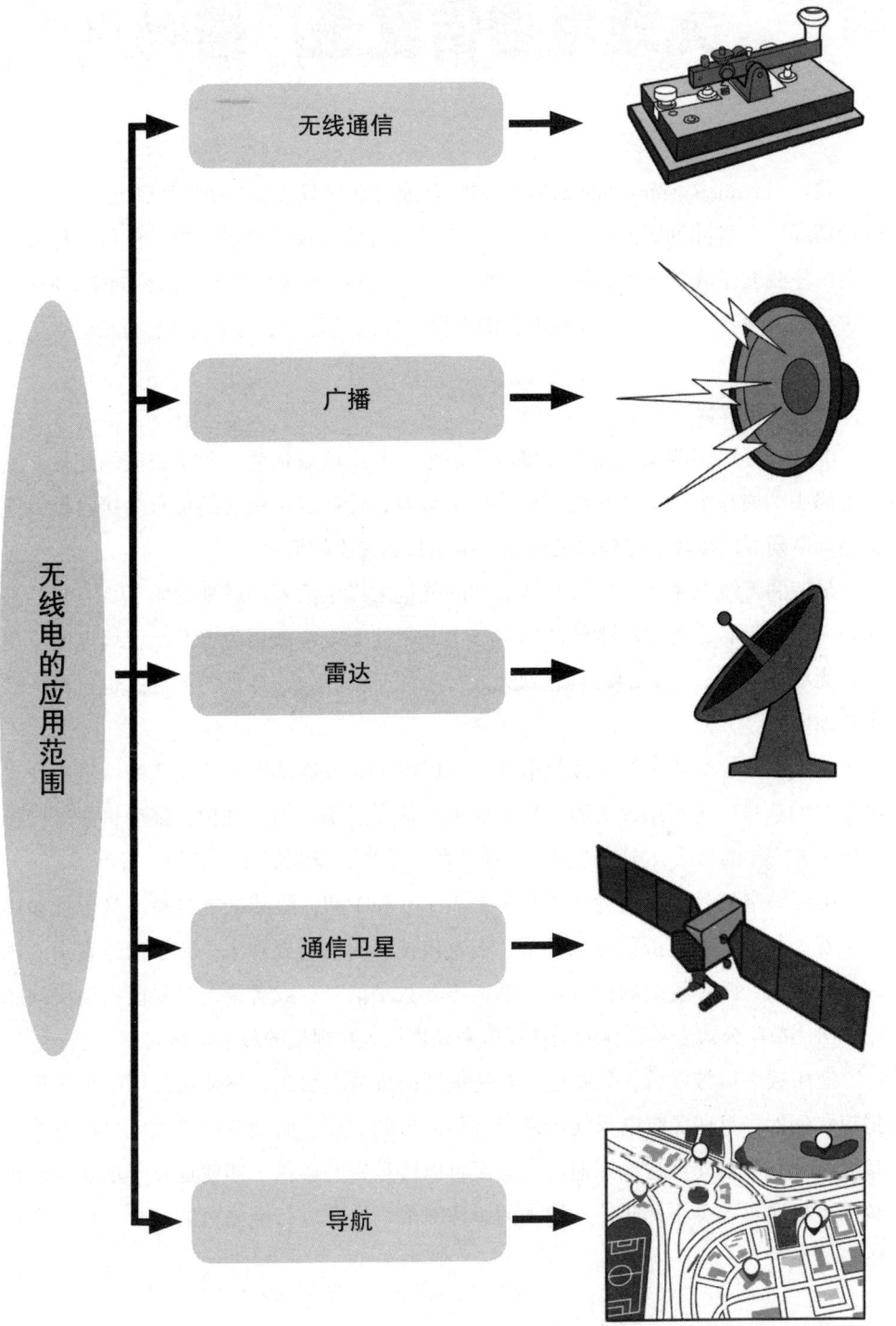

无线电通信就是广播吗(2)

调频（Frequency Modulation，缩写FM）是通过调整载波的频率来达到通信的目的。这种情况下，载波的瞬时频率同步于所传递的信号的瞬时频率。数字信号的传递可以借由将载波在数个离散的频率间切换来实现。此技术被称为频率偏移调变。FM现时常指甚高频高保真广播。无线电视的音轨信号也是通过超高频信道传送的。

接收机和解调

电磁波可以用调试过的天线接收其信号。天线可以拮取一些电磁波的能量，变成电路中的谐振电流。接收机可以将电流解调，转换成可用的信号。接收机一般也会调谐到可以接收特定频段的信号，拒绝其他频段的信号。

早期的无线电系统只靠天线拮取到的能量来产生信号。后来发明了真空管及晶体管等电子设备，可以将微弱的信号放大，因此无线电就更为普及。无线电的应用包括无线对讲机、儿童的玩具、到无人行星探测任务先锋计划的控制，也包括广播及其他应用。

无线电接收机从天线中接收信号，利用电子滤波器从天线接收到的信号中分离出想要的信号，再利用放大器将信号放大到适合后续处理的准位，最后将信号转换为使用者需要的形式，例如声音、影像、数字信号、量测值及导航的位置等。

由于数字信号是用两种物理状态来表示0和1的，故其抵抗材料本身干扰和环境干扰的能力都比模拟信号强很多；在现代技术的信号处理中，数字信号发挥的作用越来越大，几乎复杂的信号处理都离不开数字信号；或者说，只要能把解决问题的方法用数学公式表示，就能用计算机来处理代表物理量的数字信号。

使用数字信号以后，只要把所有情报转换成数字形态，就能通过网络传送任意情报。例如，早期无线电只能传递声音和简单的文字，而现在的无线电可以直接连接电脑，在电脑间进行数据通信，甚至可以传送实时影像，即使远在千里之外的指挥部也可通过各支小部队传送回来的影像对战场情况进行准确分析，从而做出合适的应对。

在用0和1两种状态的二进制代码出现以前,摩尔斯电码是早期主要的一种信号代码,电报使用的正是摩尔斯电码

谍战片中常常出现这样的画面,通过电报机发送长短不同的加密无线电来传送信息

卫星通信是什么

在瞬息万变的战场上,信息的时效性非常重要。因此,仅靠无线电来传送的话,很容易延误。如果能够实时将战场上的情报立即传送到指挥部,这样就可以根据情报制定出最合适最及时有效的应对策略。

现代战争中,卫星是非常重要的通信力量。任何部署在前线的己方部队或者潜入敌人后方的部队都可以直接通过卫星直接、实时将情报传送回指挥部。以美国特种部队为例,他们会携带卫星通信无线电,以便及时向指挥部报告战场情况和接收指挥部最新的指令。美国的 DSCS III、FLTSATCOM、AFSATCOM 等同步卫星(与地球以相同的角速度转动,位置相对保持不动,只要对准卫星就可进行通信而不必追踪卫星的轨迹)均是用作此用途。

此外,轨道卫星(配置于中低轨道上,不像同步卫星那样与地球的自转保持一致,因此相对位置会不断变化)也可用来进行通信。不过从性能来说,需要更多的轨道卫星构成通信网络才能实现与同步卫星同样效果的通信能力。

使用卫星通信最大的优点就是可以很大程度上无视通信距离,即使作战部队和指挥部分别身处地球的两端,也能及时汇报和接收信息。

如今,卫星通信日益普及,并研发出了使用卫星通信技术的背负式无线电,如美国的 AN/PSC-3、AN/PSC-5、AN/PRC-137 等。这类无线电可以使用 VHF 到 UHF 之间的广大频段进行通信。而且,即使是活动在前线或者敌后的班一级部队也能直接利用无线电脑将信号发送到通信卫星上,利用卫星直接与指挥部联系。

为了避免敌人拦截到内容,因此采用相应的保密技术是不可缺少的。军用无线电使用的电子信号都是经过多重加密的,就算被拦截到也很难破译。而且,军方使用无线电通信时会采用"跳频"通信技术,几乎是不可能被拦截、破译的。

美国的 DSCS III 卫星，它可以为战场指挥官提供保密话音和高速率数据通信

AN/PRC-137

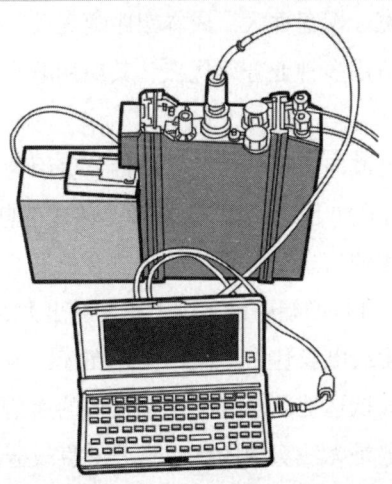

AAN/PRC-137 是 20 世纪 90 年代起美军特种部队所使用的远距离通信用背负式无线电。这款无线电带有键盘和一块屏幕，可以用来发送文字、图片、视频等信息和接收可视图像。内置保密功能，输入的任何信息都会自动加密转换为暗号，安全性非常出色。所使用的频段是 VHF 和 UHF，也可直接通过卫星通信。整个无线电只有笔记本电脑大小，而键盘和屏幕的尺寸则和一本字典差不多

031 卫星是如何进行通信的(1)

卫星通信主要是指各地球站或地球站跟航天器之间通过通信卫星进行信号转发的无线电通信，简单来说，就是以卫星作为中继站的通信方式。静止通信卫星是目前全球卫星通信系统中最常用的星体，是将通信卫星发射到赤道上空35860千米的高度上，使卫星运转方向与地球自转方向一致，并使卫星的运转周期正好等于地球的自转周期，从而使卫星始终保持同步运行状态，故静止卫星也称为同步卫星。静止卫星天线波束最大覆盖面可以达到大于地球表面总面积的三分之一。因此，在静止轨道上，只要等间隔地放置3颗通信卫星，其天线波束就能基本上覆盖整个地球（除两极地区外），实现全球范围的通信。

卫星通信主要包括了卫星中继通信、卫星直接广播、卫星移动通信和卫星固定通信四大块。第一个是地球站和航天器之间通过通信卫星进行信号转发的无线通信，后面3个是各地球站之间通过通信卫星进行信号转发的无线通信。无论哪种通信，其都具有容量大、频带宽、覆盖面大、成本跟距离无关、不受地理条件影响、机动灵活、性能可靠稳定、适用多种业务等优点，其应用非常广泛。那么，卫星通信是怎样工作的呢？

如果直接通过无线电波向卫星传送信息的话，会因为频率太低、距离太远而衰退，因此需要为传送的信号加上"载波"，载波是传送信息的物理基础，形象地说，载波就是一列火车，传送的信息就是货物。载波会根据对应的频率变化，将信息转化为超短波或者厘米波，进行增幅以后通过天线发射出去。

看起来这和普通的无线电没什么不同，重点在于：为了能让所发射的电波成功穿过大气层中的电离层，抵达地球静止同步轨道上的通信卫星上，必须对信号波进行转化，而普通的无线电是无法实现的。厘米波呈直线分布，天线朝向正确后，以最短的距离发射到卫星上。

离开天线的电波，仅需0.12秒就能抵达36 000千米高空的卫星上，然后卫星会将接收到的上传电波（从地球站朝卫星发射的电波）以收信机进行增幅，通过变频机转换为下载电波（从卫星向另一个地球站发射的电波），再发射向另一个地球站。这个转换过程是必不可少的，否则会出现上传电波与下载电波混乱的情况。另外，上传时的电波可以在地面供电，大幅增幅，但下载时卫星的电力有限，只能以低频电波传送。

卫星通信的优点

- 可实现多址通信电波覆盖面积大,通信距离远,
- 传输频带宽,通信容量大
- 通信稳定性好、质量高

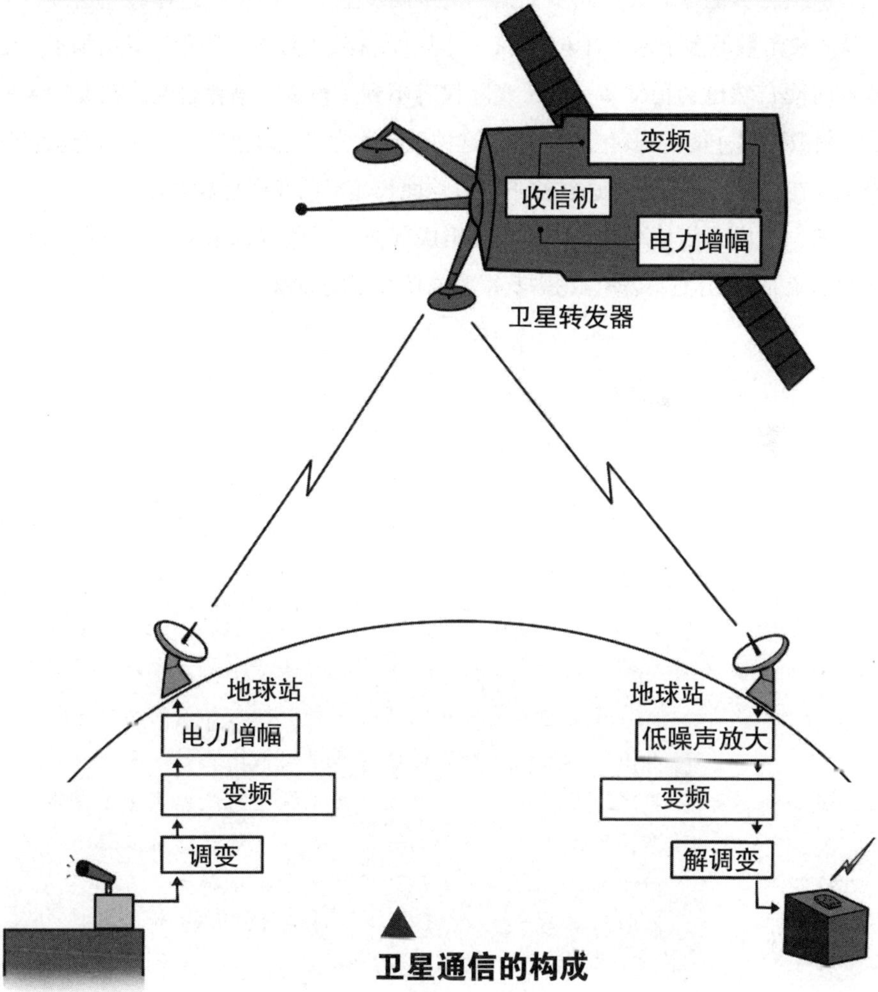

卫星转发器
- 变频
- 收信机
- 电力增幅

地球站
- 电力增幅
- 变频
- 调变

地球站
- 低噪声放大
- 变频
- 解调变

▲ 卫星通信的构成

031 卫星是如何进行通信的(2)

另一个地球站接收到卫星发射来的低频电波以后，会重新增幅，转换为中间频率，重新还原为声音、文字等可见信息。

无论军用或是民用卫星通信，原理都是相同的，区别在于军用卫星通信会对电波进行加密处理，即便是被拦截到也只能看到一堆苦涩难懂的暗号。

卫星传输的主要缺点是传输时延大。在打卫星电话时不能立刻听到对方回话，需要间隔一段时间才能听到。其主要原因是无线电波虽在自由空间的传播速度等于光速，但当它从地球站发往同步卫星，又从同步卫星发回接收地球站，这"一上一下"就需要走数万多千米。打电话时，一问一答无线电波的"路程"又增加了一倍，传输的时间自然也会稍微多一点（实际仅有不到1秒）。也就是说，在发话人说完以后，稍微延迟才能听到对方的回音，这种现象称为"延迟效应"。由于"延迟效应"现象的存在，使得打卫星电话往往不像打地面长途电话那样自如方便。

目前，卫星通信是军事通信的重要组成部分，一些发达国家和军事集团利用卫星通信系统完成的信息传递，约占其军事通信总量的80%。

卫星电话是移动电话的一种，但与普通的移动电话不同，卫星电话并不通过地底下的网络连接，而是直接与天上的卫星通信。卫星电话在探险队及船只中十分常见，因为普通的移动电话往往无法在偏远地区及海上使用；另外，在禁止手机使用的民航机机舱内，大部分的航空公司都会提供以信用卡付费的卫星电话。

静止通信卫星对地球的覆盖区域基本是稳定的,在这个覆盖区内,任何地球站之间可以实现不间断通信

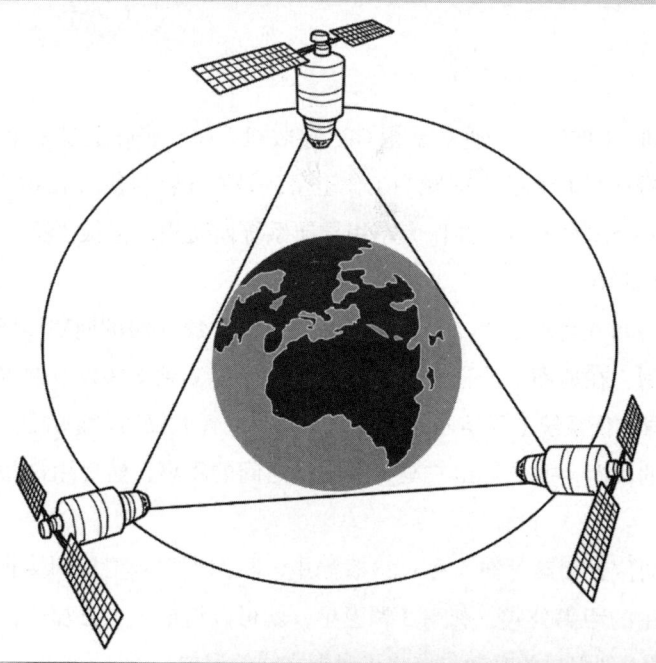

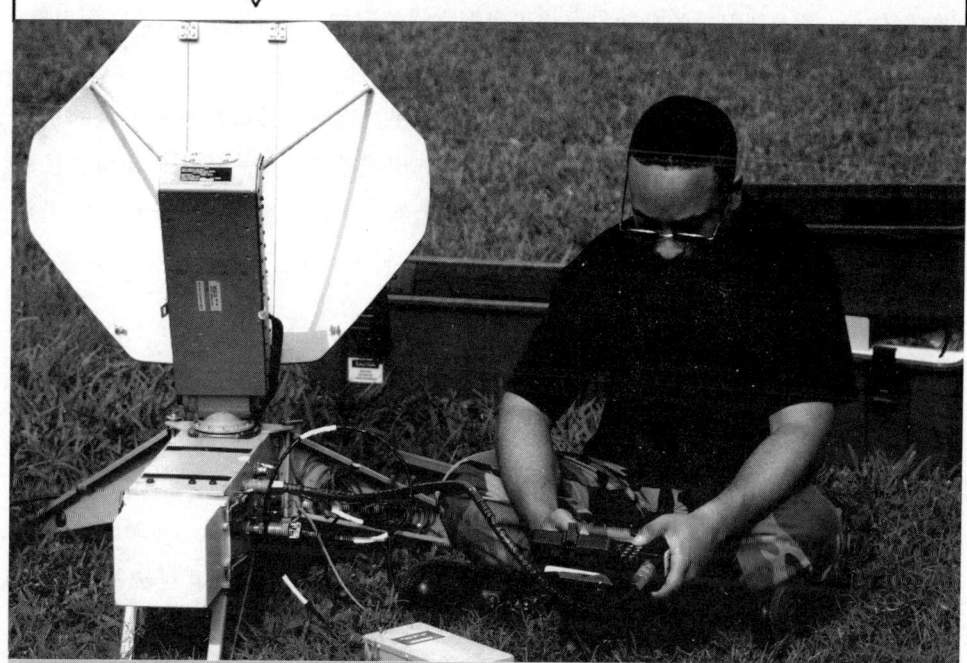

美军使用的 SCAMP 单频道抗干扰个人携带终端机,这是一种高性能的卫星通信终端,信号很难被拦截或干扰,从 20 世纪 90 年代开始装备美军

GPS 是如何定位的

当人们谈到"GPS"时，通常是指 GPS 接收机。GPS 实际上是一个卫星群，由 27 颗环地球轨道运行的卫星（24 颗为工作卫星，另外 3 颗为备用卫星）组成。虽然这一卫星网络由美国军方研发并作为军用导航系统而使用，但很快这一系统就进入了普通百姓的生活中。

24 颗 GPS 卫星在离地面 20 200 千米的高空中，以 12 小时的周期环绕地球运行，使得在任意时刻，在地面上的任意一点都可以同时观测到 4 颗以上的卫星。GPS 接收机是接收全球定位系统卫星信号并确定地面空间位置的仪器。它的任务就是确定 4 颗或更多卫星的位置，并计算出它与每颗卫星之间的距离，然后用这些信息推算出自己的位置。

由于卫星的位置精确可知，在 GPS 观测中，我们可得到卫星到接收机的距离，利用三维坐标中的距离公式，利用 3 颗卫星，就可以组成 3 个方程式，解出观测点的空间位置。考虑到卫星的时钟与接收机时钟之间的误差，因而需要引入第 4 颗卫星，组成第 4 个方程式，从而计算出时差和更确切的位置。

事实上，接收机往往可以锁住 4 颗以上的卫星，这时，接收机可按卫星的星座分布分成若干组，每组 4 颗，然后通过算法挑选出误差最小的一组用作定位，从而提高精度。GPS 接收机正常的定位精度为十多米到几十米。目前，由于 GPS 卫星数量远超过额定数量，所以一般接收机的定位精度达到 5~6 米。

中国北斗卫星导航系统（BDS）是中国自行研制的全球卫星导航系统。是继美国全球定位系统（GPS）、俄罗斯格洛纳斯卫星导航系统（GLONASS）之后第 3 个成熟的卫星导航系统。

PLGR+91GPS 收信机

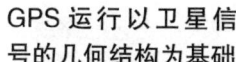
GPS 运行以卫星信号的几何结构为基础

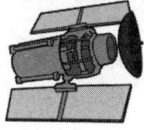
GPS 利用无线电信号传输时间测量距离

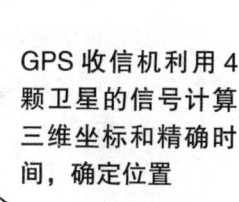
GPS 收信机利用 4 颗卫星的信号计算三维坐标和精确时间,确定位置

每一颗卫星发送器传输的位置和精确时间

GPS 收信机接收每一颗卫星的信号,同时记录位置和信号到达时间

民用 GPS 有哪些

GPS 接收机不仅仅广泛用于军事用途，在民用方面也非常常见，日常中我们可以接触到的 GPS 接收机分为汽车导航仪和 GPS 手持机两种。

汽车导航仪

计算机和通信的发展使人们的生活更加快捷、轻松，汽车导航和移动办公已经风靡全球，并逐渐成为现代社会中不可或缺的一部分。在日本、美国等国家，为了方便用户，很多汽车制造商在车辆出厂时就装配了导航和移动办公设备。在我国类似产品才刚刚起步。

汽车导航仪是集计算机、通信导航、地图信息为一体的高科技产品，通常它们都具备笔记本计算机的基本功能，可以方便地连接网络和数据通信；并且内置 GPS 接收器，提供 GPS 天线接口，装载定位导航软件，利用接收到的 GPS 卫星信号为车辆提供全天候、全时域位置信息，并可以在屏幕上显示当时车辆运行情况。用户可以预先自定义行进路线、路旁标记和航路点，保存预先设定的路线或已走过的路线，以便再次查询。通过查询电子地图，用户可以了解某地区的地理环境和交通状况，增加对未来旅途的预测，当发现一些原地图中没有的道路，可以通过"记录新路"来更新地图。

GPS 手持机

GPS 手持机是利用 GPS 基本原理设计而成的，体积小巧、携带方便、独立使用的全天候实时导航定位设备。优质手持机必备的条件是：灵敏度高、存储量大、外部接口齐全。

GPS 手持机按用途可分为：陆用型、航空型、航海型。早年的 GPS 手持机一般没有内置地图，主要利用航路点记录，选择相应航路点可自动生成路线。内置天线使得机型小巧，它是应用最广的 GPS 设备；航空型提供全球空域图和地域图，灵敏度极高，适用于在高速飞行的飞机中定位；航海型内置全球海图，超大屏幕，提供可固定在船体上的配套支架和天线。另外，如今的智能手机几乎都具有 GPS 功能，也可看作 GPS 手持机。

汽车导航仪

汽车导航仪能帮助司机准确地定位当前位置，并计算到达目的地的行程

手持 GPS 通常被用于户外定位和导航

034 翻译机能翻译所有语言吗

在现代战争中,尤其是侦察作战的过程中,侦察人员不仅需要熟练掌握各种侦察技能,有时候还必须善于通过与当地人交流获得一些情报。但是,由于地域差异、文化差异等因素,往往最简单的交流都可能成为难题,甚至暴露侦察人员的身份。即使是战争结束后,现代军队通常还得担负占领地区的重建和治安维持等工作,与当地人进行必要的交流也是必不可少的。从这一方面来说,占领一方想要克服和当地的语言文化隔阂是非常困难的,尤其是当占领者本身就是侵略者的时候。

在这种情况下,军方往往会安排了解当地语言、文化的人员参与到各种工作当中。不过,由于这样的人才数量有限,不一定在所有可能涉及到的方面都有足够的人员供使用。这时候,就需要一些特殊的仪器来进行辅助。比如,最早被美国军方派上用场的翻译机。

美国军方使用的翻译机是一种类似于手持GPS接收机的设备。在一些需要和不同语言的人群进行交流的部队中,通常都会大量配备这种设备,它可提供12种语言供使用人员选择。

这种多种语言翻译器可接入北约编程系统,软件程序能有效地为用户提供通用的后勤语言。目前该软件只能以下面几种语言提供信息:保加利亚语、捷克语、荷兰语、英语、法语、德语、匈牙利语、意大利语、波兰语、斯洛伐克语、斯洛文尼亚语、西班牙语等语言的翻译功能。

除此之外,还有一些特制的版本,专门针对一些小语种或者是一些少数民族聚居地区语言进行翻译。美国陆军在阿富汗战争中和伊拉克战争中就曾专门装备针对当地语言的翻译机。士兵对着它说出的话,几秒钟后就能用选定的当地语言重复读出来,口气也一致。

因为文化差异的原因,其他国家的军队一旦进入本国领土,常常会被认为侵略,比如美军在阿富汗和伊拉克所进行的战争仍然被大多数当地人视为侵略,要求美军撤军的呼声几乎不断。因此美军要求士兵使用翻译器和当地人沟通,并尽量帮助当地重建,以改变形象。

翻译机

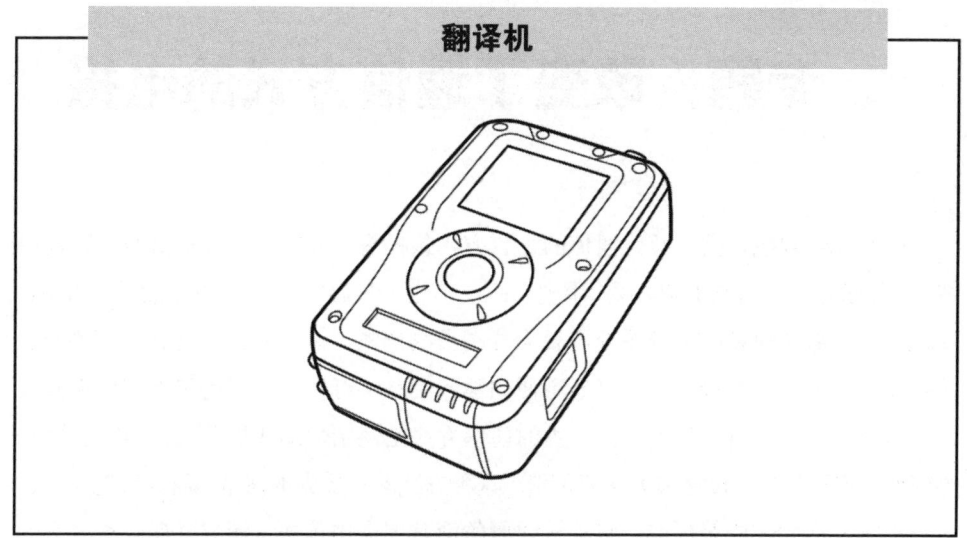

- 匈牙利语 Helló
- 意大利语 Ciao
- 保加利亚语 Здравейте
- 波兰语 Halo
- 德语 Hallo
- 英语 Hello
- 俄语 привет
- 法语 Bonjour

专题：改变了通信方式的电报

在未发明电报以前，长途通信的主要方法包括有：驿送、信鸽、信狗，以及烽烟等。驿送是由专门负责的人员，乘坐马匹或其他交通工具，接力将书信送到目的地。建立一个可靠及快速的驿送系统需要十分高昂的成本，首先要建立良好的道路网，然后配备合适的驿站设施。在交通不便的地区更是不可行。使用信鸽通信可靠性甚低，而且受天气、路径所限。另一类的通信方法是使用烽烟或摆臂式信号机、灯号等肉眼可见的信号，以接力方法来传信。这种方法同样是成本高昂，而且易受天气、地形影响。在发明电报以前，只有最重要的消息才会被传送，而且其速度在今日的角度来看，是难以忍受的缓慢。

电被发明之后，人们开始研究用电传递信息的可能。早在1753年，一名英国人便提出使用静电来发电报。他的设想是使用26条电线分别代表26个英文字母。发电报的一方按文本顺序在电线上加以静电，接收的一方在各电线接上小纸条。当纸条因静电而升起时，便能把文本誊录。不过这种方法耗时耗力，而且仅能在固定的双方之间交流，并不实用。

19世纪初，英国人查尔斯·惠斯通及威廉·库克发明并开通了世界上首条电报线路。几乎同时，美国的发明家萨缪尔·摩尔斯也发明了电报，还发展出一套将字母及数字编码以便拍发的方法，这就是著名的摩尔斯电码。

电报的发明使得长途通信的价格大为下降。最早期电报的传送成本，是依靠目测的摆臂式信号机系统的1/30。之后更随着技术的改良和用量扩大而大幅下降。到了20世纪初，就算是一般普通人亦可负担用电报作长途通信。如今，随着通信科技的发展，电报已不再是主要的通信方式，被电话、传真、邮件等所取代。

第三章
单兵侦察装备

035　头盔也能算电子侦察装备吗

现代战争中，头盔是士兵的必备装备，作为战场先锋的侦察部队也一样。作战中，战士的头部面积虽不大，可一旦受伤，都是致命的。现代战争战伤统计数据显示，破片及流弹对战场人员头部的伤害是战斗减员的主要原因。第二次世界大战中，美军因头部受伤而阵亡的人数占阵亡总人数的32.5%，远高于身体其他部位受伤而阵亡的几率。在弹片横飞的战场上，头盔作为一种重要的单兵防护装备，其作战效能有目共睹。

头盔，中国古代称之为胄、首铠，初以椰子壳、大乌龟壳等制成，后随着冶金技术的发展和战争的需要，又发明了金属头盔。手枪、步枪等热兵器的出现，对头盔的材质提出了更高要求。

现代军用头盔主要由盔壳、衬里和悬挂组件三部分构成。盔壳由强度高、韧性好的复合材料制成，它通过材料变形来吸收和减缓子弹和弹片等的冲击力，防止壳体碎片伤及头部；衬里起到透气、吸汗、保暖和减震等作用；悬挂组件将壳体与衬里分隔开，可调节和适应不同头形的士兵。

随着科技的发展，头盔壳体材质有特种钢、玻璃钢、陶瓷、增强塑料、酚醛树脂纤维、尼龙纤维、复合纤维等，其性能越来越好，防护能力也越来越强。

对于侦察部队而言，头盔还要考虑到更多因素，甚至是作为一种能够安装各种侦察设备或防护设备的平台使用。经过特制的头盔可以减少侦察人员自身的特征信号，防红外线和雷达侦察，更好地融入周边的环境中，实现隐蔽的目的。此外，它能有机地与其他装备融合在一起，例如集成了光电侦察、通信传输、数字显示装备后，能作为信息终端，实时接收来自其他渠道的语音和视频信息，显示敌军或友军的位置及周边环境，同时将自身获取的信息转发给其他作战单元，从而提高士兵的态势感知和敌我识别能力，更好地实施协同作战。

盔在中国古代称为"胄"，是保护头部的护具。最初仅用于军事方面，但如今这建筑、采矿和一些运动，如美式足球、自行车、棒球、滑雪、冰上曲棍球、赛马、马术、赛车等方面都有使用。除了军事以外用途的盔多被叫作"安全帽"。

HGU-56 头盔

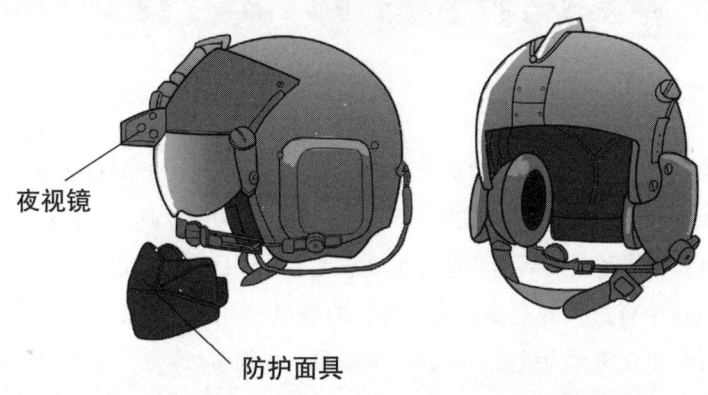

夜视镜

防护面具

美军航空人员使用的 HGU-56 头盔，是由石墨纤维与高强度聚乙烯纤维制成的，重量很轻，对头部造成的负荷比较小，即使长时间佩戴也不会感到疲劳

① ARMY SF 头盔
② NVG 夜视镜座
③ TAC-V10-SF 战术背心
④ 对讲机
⑤ PAQ-4 红外线瞄准器

美军特种部队使用的轻型战斗头盔 ARMY SF Hart Helmet，头盔正前方有可以安装夜视镜的底座

036 伪装网有什么用

在第一次世界大战时，为了隐蔽兵器，有士兵就将渔民用的旧鱼网盖在兵器上，并在网上放置一些树枝杂草作为遮蔽材料。这就是伪装网的雏形。伪装网是一种重要的伪装器材，在战场上是兵器装备、军事设施等军事目标的"保护伞"。

自然界中很少有过长的直线或者比较大的直角，因此人们在观察的时候对于自然环境中的直线和直角尤为敏感。因此，就需要一些伪装。

早期的伪装网是在网子上绑上树枝、树叶等东西，从远处看起来就像是树木。现在的伪装网则要先进很多，除了单色的伪装网以外，还有迷彩图案的伪装网，正反两面采用不同色调的迷彩，能够适应不同的气候条件。

在使用伪装网的时候，需要把网子的边缘挂在附近的树木或者物体上，使伪装对象的轮廓变得不明显。就算是使用迷彩伪装网，若是在网子上放置树木枝叶、砂子等所在地的材料，可以使伪装对象与周围物体的阴影更为接近，更好地融入环境，效果会更好。

伪装网对于躲避空中的侦察尤其有效。除了直升机等小部分飞机以外，大多数飞机都是处于高速移动中的，所以地面上的物体只要使用伪装网后，很难从空中辨识。对于用来攻击敌方飞机的防空阵地更是如此。在四周用沙袋巩固，顶部盖上伪装网，这是防空阵地的基本构造方式。

现在的伪装网，不仅能够对抗目视观察，就连远红外探测也很难发现。

伪装网如何躲避红外线探测

为了防御敌方可见光和近红外的侦察探测，将伪装网覆盖在目标表面后，通过模拟背景对可见光和近红外的反射，从而减小目标与背景在可见光和近红外波段的对比度，降低被红外线探测器发现的概率。

伪装网

用网子来伪装的方法
隐藏士兵、武器弹药等物资或器材

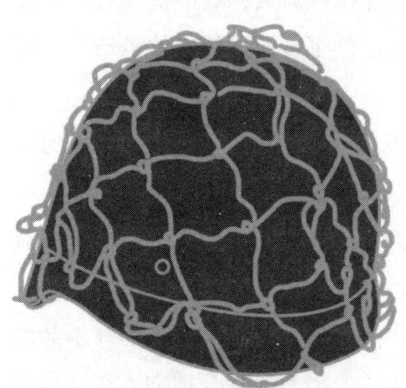

把网子盖在装备上

绑上树叶就完成了

大面积伪装

对象是车辆的时候,用的是事先做好的伪装网

使用这种大型伪装网的话,连战车都可以隐藏起来

037 军用机器人如今发展到哪种程度了

提到机器人，人们会想到工业生产流水线上的焊接机器人、喷漆机器人，或者看到过各种服务性的机器人。但大多数人很少看到过供军事作战使用的机器人，因为它是一种军事机密。

自从美国人英伯格和德沃尔1959年研发了世界第一台工业机器人，机器人随即引起世人的关注。机器人从军虽晚于其他行业，但却日益受到各国的重视。作为一支新军，眼下虽然难有作为，但其巨大的军事潜力，惊人的作战效能，预示着机器人在未来的战争舞台上是一支不可忽视的军事力量。

侦察作战历来是各种军事作战中难度最大的作战类型，其危险系数远高于其他军事行动。机器人作为从事危险工作最理想的代理人，当然是最合适的人选。目前被用于侦察作战的机器人有：

·战术侦察机器人。它被配属在侦察部队中，担任前方或敌后侦察任务。这种机器人通常是一种仿人形的小型智能机器人，身上装有步兵侦察雷达，或红外、电磁、光学、音响传感器及无线电和光纤通信器材，既可依靠本身的机动能力自主进行观察和侦察，还能通过空投、抛射到敌人纵深，选择适当位置进行侦察，并能将侦察的结果及时报告有关部门。

·三防侦察机器人。它用于对核沾染、化学染毒和生物污染进行探测、识别、标绘和取样。美国陆军机器人"曼尼"就是三防侦察机器人，它专门用于防化侦察和训练，能够行走、蹲伏，还能自动分析毒剂的性质。

·地面观察员/目标指示机器人。它是一种半自主式观察机器人，身上装有摄影机、夜间观测仪、激光指示器和报警器等，配置在便于观察的地点。当发现特定目标时，报警器使向使用者报警，并按指令发射激光锁定目标，引导激光武器进行攻击。一旦暴露，还能依靠自身机动能力进行机动，寻找新的观察位置。

类似的侦察机器人还有便携型电子侦察机器人、无人驾驶侦察机等。

为什么机器人适合执行侦察任务

- 危险系数高
- 有些环境不适合人类前往
- 机器人本身装有各种侦察仪器

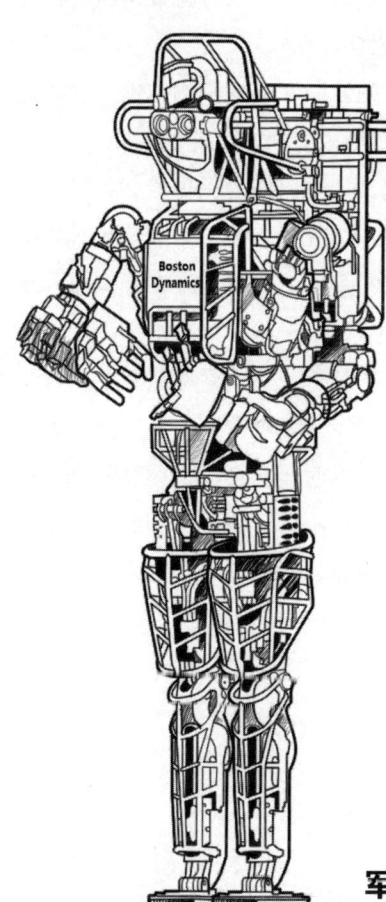
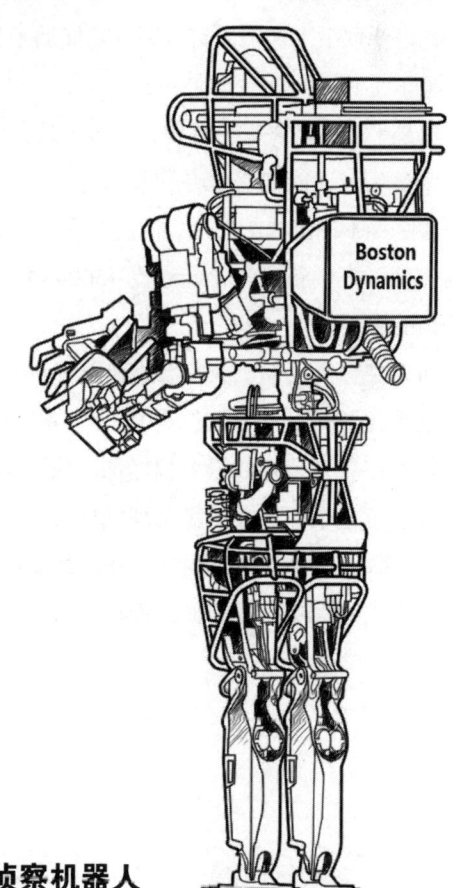

军用侦察机器人

山地侦察的必备装备

038

俗话说"登高望远"。在现代侦察作战中，虽然已经拥有了各种先进的侦察仪器，但很多情况下，掌握制高点，俯览全局仍然是战术制订的重要依据。因此，侦察部队必须担负起登上高地、在山地进行侦察或者作战的任务。在执行这类任务时，首先要面对的是山地的恶劣环境。

登山钉、登山环、锤子是登山时必备的三种工具。用锤子将登山钉打入岩石岩缝，传入登山绳，作为保护点或者攀爬时的固定点。根据形状的区别，登山钉有直型、横型、直横两用型3种。登山钉前端比较尖锐，以便于钉入岩石中，后端有圆孔，可以穿上登山绳或扣上登山环。通常会将登山环扣住登山钉上，然后再将登山绳穿在登山环上，以便取下。和登山钉有同样功能的工具是岩楔。

锤子是打入登山钉时使用的工具，有岩壁用的岩锤和冰壁用的冰锤。这些锤子有一边是平头，用来敲打登山钉，另一边是尖头，用来清理岩缝或者冰壁。

登山环不只能把登山钉和登山绳连接在一起，还可以作为保护点、脚蹬。在垂降或者链接不同工具时使用，用途非常广泛。登山环有O形、D形、变D形等种类，多为弹簧弹开的铝制环，能承受1500~3400千克的重量，此外还有在开口部分装有安全锁的类型。

如果是登山运动，只需要携带常见的登山装备就行，但侦察部队登山是为了执行侦察或者作战任务，因此除了登山装备以外还要携带武器、弹药、炸弹、夜视装置、无线电等装备，装备数量大幅增加。执行侦察任务的时候，会将上述装备分散在各名队员的背包中，这样就算出现意外丢失某个背包也不会影响整个部队的行动和装备配置。执行战斗任务的时候，不会携带过多的装备，只会携带必要的武器，其余均置于潜伏地点或者埋在地下隐藏。

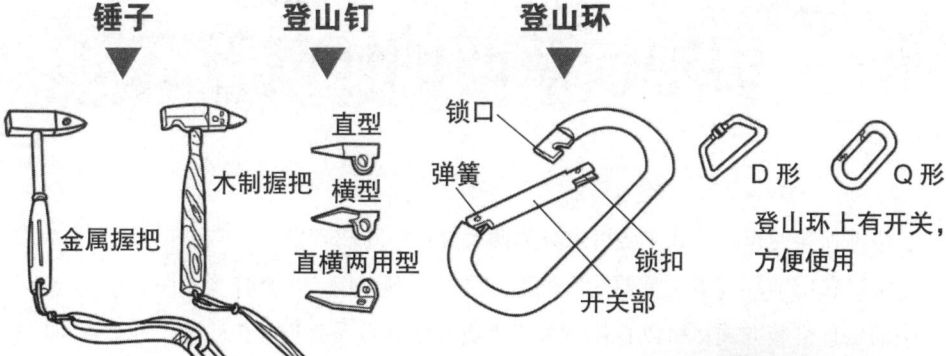

锤子: 金属握把、木制握把

登山钉: 直型、横型、直横两用型

登山环: 锁口、弹簧、锁扣、开关部；D形、Q形；登山环上有开关，方便使用

岩楔 ▶ 可代替登山钉，卡在岩缝中作为固定点的工具

三点型岩楔　　楔型石楔

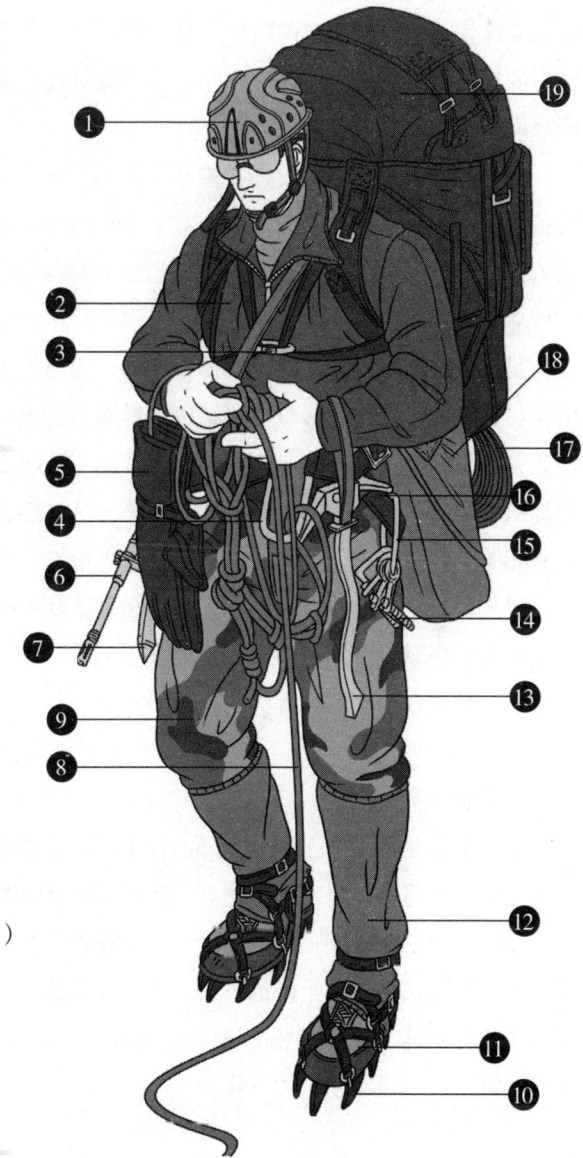

① 登山用头盔
② 防寒外套
③④ 登山环
⑤ 手套
⑥ M4A1 卡宾枪
⑦ 冰斧
⑧ 登山绳
⑨ Gore-Tex 登山裤
⑩ 冰爪
⑪ 登山靴
⑫ 绑腿
⑬ 冰锤
⑭ 冰钉（打在冰壁上，类似登山钉）
⑮ 登山环
⑯ 降落伞背带
⑰ 登山绳
⑱ 边包
⑲ 背包

山地侦察时的作战方式(1)

山地侦察的作战方式主要可以分为两大类：空降和攀岩。

空降在山地环境下是重要的作战形式之一，既可用于侦察任务，同时也是战斗任务中的一种突袭方式，可以直接将战斗人员投放到敌人侧后方，配合正面攻击可以发展为立体作战，分散敌方的防御力量。但是，直升机有上升高度的限制，而且一些山区中的气候比较特殊，尤其是山间的强气流对直升机来说是非常严重的威胁，并非是所有山地作战都可以使用直升机空降。

随着各种装备的发展，许多重型装备无需靠士兵登山搬运，而是直接用直升机将装备空运到山上。即便如此，军方对士兵在山地中携带重物行动以及在山地中战斗的相关技巧依然有着严格的要求，尤其是在一些专门执行山地侦察和作战任务的部队中。

在山地环境中作战，士兵必须拥有强健的体魄和体力，不仅是善于作战的士兵，还得是一个登山的好手。除了要携带武器、弹药、手榴弹等战斗装备和各种侦察、通信器材，还得携带登山工具，累计负重量通常达50~60千克，而且还要背负着如此重的装备在山间行动。因此，攀岩是山地环境下作战必须具备的另一种能力，无论是侦察部队还是特种部队都有专门的攀岩训练。队员们会接受充分的训练，了解攀岩的技巧和相关工具的使用，同时还要学会岩石的相关知识，例如辨别岩石的种类、性质。

攀岩中不仅要掌握各种技术，学会悬垂下降（使用登山绳从岩壁上快速下降的方法）、人工攀登（使用登山钉、登山锤等工具攀岩）等技术，而且要非常精通，并做好应对各种危急情况的准备。

· **悬垂下降**

悬垂下降是从岩壁上快速下降的技术，在灌木或者岩角绑上绳环，作为悬垂下降的固定点，再将登山绳绑在绳环上，便可沿着登山绳下降。

下降的方法有之字形悬垂下降、使用登山环快速下降、使用下降器下降等，军方常用的使用登山环快速下降的方法。士兵在作战时会携带许多装备，如果使用之字形下降过于耗费体力。使用登山环快速下降时，将登山环扣在垂降带上，再将登山绳绕在登山环上，一边制动一边下降。

空降是山地侦察时常用的作战方式,既省时省力,又能准确地将侦察人员投送到指定地点

▶ **悬垂下降**

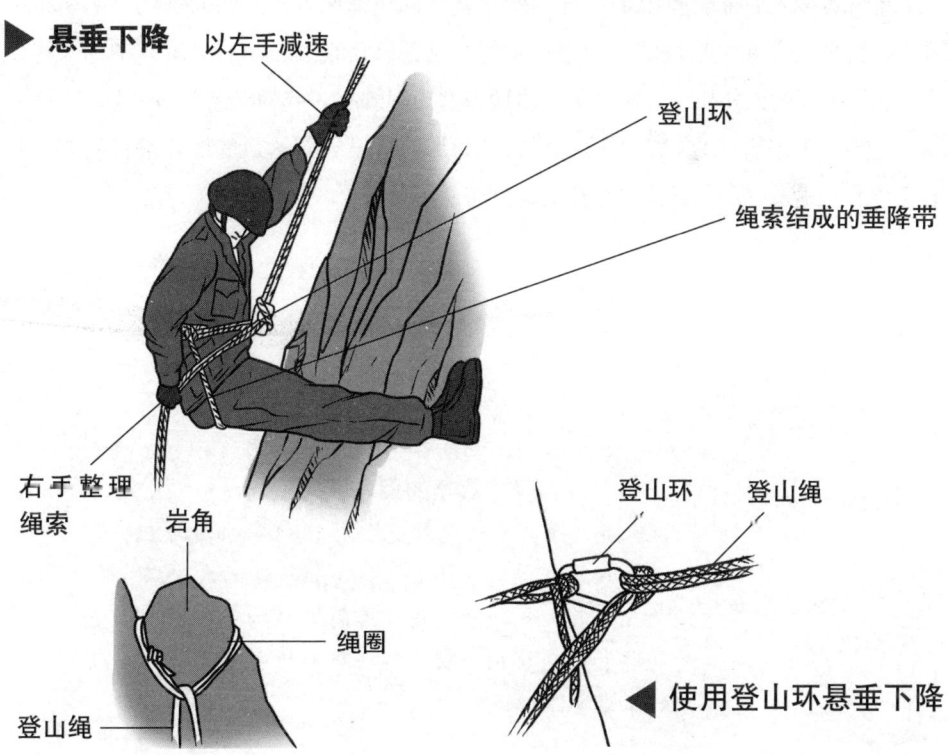

039 山地侦察时的作战方式(2)

在巷战或者反恐作战中，需要从建筑物上方垂降突入室内时也会使用这种方法。

· 人工攀登

人工攀登主要是徒手或者使用登山钉、登山锤等工具利用自身的力量进行攀登。这种方式对于攀登者自身的技术要求很高，不仅每名侦察队员都要具备登山的能力，更要求队友之间相互配合、相互合作，确保所有人都能安全登上目的地。

首先由一名前导抵达岩顶或攀上岩壁，需要为后续的队员做好安全确保的工作。为了不被坠落的队友拖下去，前导会先将自己的身体和固定点的物体绑在一起。后方队员跟随前导，将绳子在肩部与腿部绕成"之"字形，配合前导的速度放出绳子。此外，在攀登的过程中还要注意打入登山钉，固定好绳索作为保护点，这样如果有队员不慎滑落或者坠落，可以作为缓冲。

绳结是攀岩时非常重要的一环，所有队员都要掌握各种绳结的打法，例如布林结（队伍最前方和最后放的人通常使用的绳结，绑得很紧，也容易解开）、米特曼结（队伍中部的人使用）、渔人结（将两条登山绳绑在一起的绳结）……

与热衷于攀岩的爱好者不同，军队是为了通过攀岩到达目的地并进行战斗，利用这样的方式来到敌人面前，往往会起到奇兵的效果。

最早的攀岩记录

人类最早的攀岩记录是公元 1492 年法国国王查理三世派人去攀登一座名为 Inaccessible 的石灰岩塔，高度为 304 米。当时他们就带着简单的钩子和梯子，凭着经验和技巧登顶成功。这也成为历史上第一个有记录的攀岩事件。

前导负责制造保护点

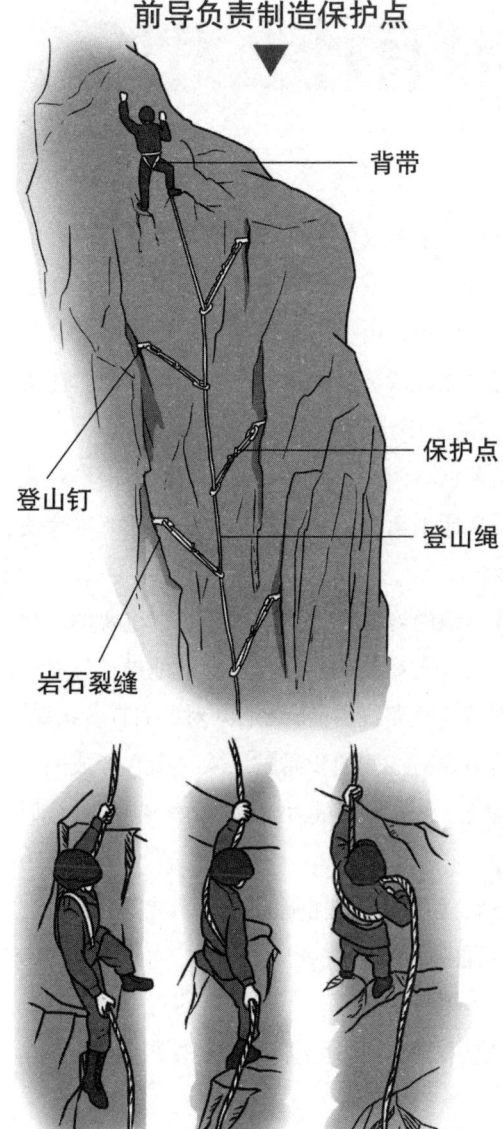

- 背带
- 保护点
- 登山钉
- 登山绳
- 岩石裂缝

▼ 确保自己安全

前导抵达岩顶或攀上岩壁之后，需要为后续的队员做好安全确保的工作。为了不被坠落的队友拖下去，前导会先将自己的身体和固定点的物体绑在一起

- 为自己制作固定点
- 连接自己

◀ 之字形确保与对前导安全的确保

图中是将登山绳绕在肩部与腿部做出的之字形确保，配合前导攀登的速度放出绳子，上方的登山绳与前导相连，下方适当放松

确保前导的安全 ▶

图中是将登山钉打入岩缝中，再将登山绳绑在登山顶上，然后把登山绳绑在腰部为前导提供安全确保。如果前导不慎坠落的话要立刻握紧登山绳来停止坠落。但是，人在坠落的过程中会有很强的拉力，这种力度仅靠队友握紧绳子是无法停止的，因此前导在攀登的时候一定要设置保护点，作为坠落时的缓冲

040 山地侦察时有什么危险

在山地作战中,侦察人员所面对的战斗对象不仅仅是敌方的战斗人员,还有山地本身。山地环境非常复杂,往往遍布险峻的岩壁或者积雪,就算不用战斗,在这样的条件下正常行动都是非常困难的事情。而且,山上的气候并不稳定,常常会在一天之中发生多次气候变化,并伴随着泥石流、滑坡、山洪等危险。可以说,在山地行动的时候,能够生存下来本身就是一件非常困难的事情。

在一些高山上,常年都遍布积雪,夏天也不例外。如果要在有雪的高山攀登或下降,也需要相当的技巧才可以。首先要掌握平衡身体和走路的方法,还有学会使用冰斧保持平衡、停止滑落以及冰爪的用法。

在有积雪的山上行走时,必须要了解当地的习性和雪质,这是非常重要的。比如冬天的山上常常会发生雪崩或者雪层。发生雪崩的可能性与当地的地形、气温、积雪状况、高度等因素密切相关,如果要寻找安全路线的话,就必须对雪崩有所认识。雪层是悬崖或者山脊部位的层状积雪,是山脊另一侧的积雪被风吹过山脊形成的,通常面积较大,不同时间形成的雪层并不紧密,很容易受重力或者外力影响发生移动,并引起雪崩。

冬天在高山上生存是见非常艰难的事情,积雪上无法搭帐篷,更不能露宿野外,只能挖雪洞或者制作雪屋来御寒,否则很可能冻伤甚至冻死。

在遍布积雪的高山上行动不可或缺的是雪鞋。想要登上有积雪的高山,尤其是在冬天的时候,雪鞋是非常必要的装备,使用雪鞋在雪地上行走要轻便得多。

高山雪地如何行走

在高山沿着雪地上行的时候,要注意以"之"字形路线横向前进,行走的时候可以脚尖朝外,这种"倒八字"步法能够减轻脚踝的压力。同时,每踏下一步都尽量用力把积雪踩出凹坑,以便站稳。

山地环境下的常见危险

| 落石 | 滑坡 | 泥石流 | 山洪 | 雪崩 |

雪鞋的长度比较长，即使在松软的雪地上也不会陷进去。使用时，先穿上登山靴，然后将雪鞋固定在登山靴上

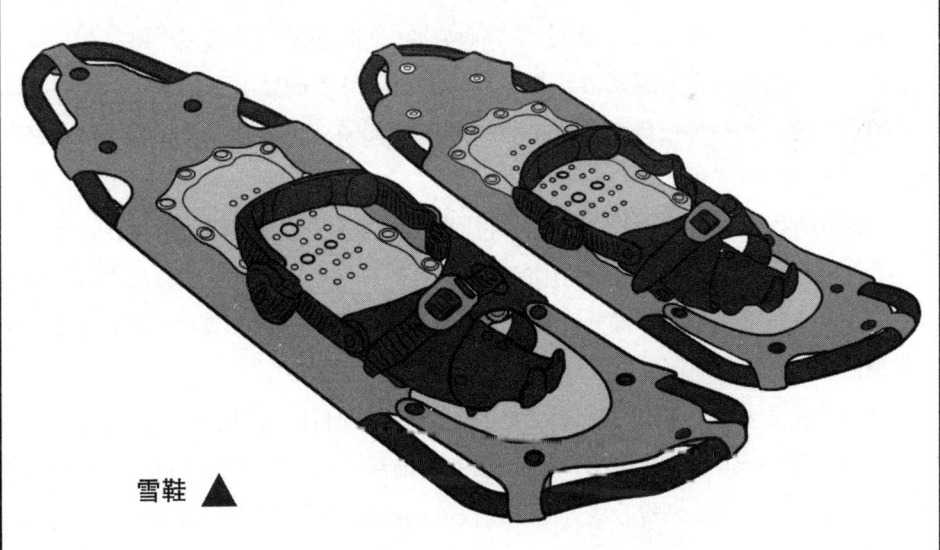

雪鞋 ▲

在高山积雪环境中使用的雪鞋

跳伞时需要哪些装备（1）

041

跳伞是侦察部队需要掌握的一项特种作战技术。直观地说，拥有这项技术就可以前往世界各地紧急作战或秘密潜入敌方阵地。考虑到侦察部队的作战特点，能够悄无声息地进入敌方控制区域进行侦察是取得侦察作战战果的首要前提，而实现这一前提最好的办法就是跳伞。

通常，侦察部队在跳伞的时候多采取高空投下空中开伞（HAHO）和高空投下低空开伞（HALO）两种跳伞方式，在落下时尽可能地做出滑翔距离，以此避免被敌人发现。

HAHO是从地面看不见的高度自由落下，在比较高的高度打开降落伞。以HAHO这种方式潜入敌方区域时可以避免搭载队员的运输机侵入敌方国土，在靠近敌方边境完成空投，且降落的队员也不会被雷达发现。而HALO则是自由落下后，在低高度开伞，虽然此方式的滑翔距离不及HAHO，但降落的队员被雷达探测到的几率更低。

在跳伞时，跳伞者可以采取拉开背带上的开伞绳或开启自动开伞装置等方式开伞。自动开伞装置是一种可以探测下降过程中气压变化，在预设高度打开降落伞的装置。在落下时，跳伞者可以利用高度计或飞行电脑来确认自己的高度。其中，飞行电脑不仅可以表示高度，还有气压、风向等多方面数据，同时能够计算滑翔距离。

HAHO和HALO两种降落方式均是在将近10 000米的高度直接从飞机上自由落下，以手脚来控制身体姿势，不同的是HAHO在3000米的高度开伞，而HALO则是在800米左右的高度开伞。

目前在各国军队中流行的降落伞有冲压翼型降落伞和圆伞形降落伞两种。

冲压翼伞型是近年来被普遍采用的一种长方形降落伞。其伞衣采用2重式的构造，开伞后空气会从前方的开口部分流入，撑开伞衣。膨胀起来的伞衣剖面形状近似于飞机机翼的剖面，因此周围的空气会让伞衣产生张力。

这种降落伞和飞机有不少相似之处，它们都可以利用周围的空气流动来操作方向。例如：莱特兄弟早期制造的飞机，没有辅助翼，以扭转机翼借着受风面积的变化来控制方向。不过，飞机改变方向不仅仅依靠扭转机翼，还会与方向舵一起使用。而使用冲压翼降落伞时，有着异曲同工之妙，如果向左转，拉下左边的拉环即可。如此一来和拉环相连的控制绳会将伞衣的左方向下拉，令伞衣的左方增厚，右方则

▼ 降落伞伞包

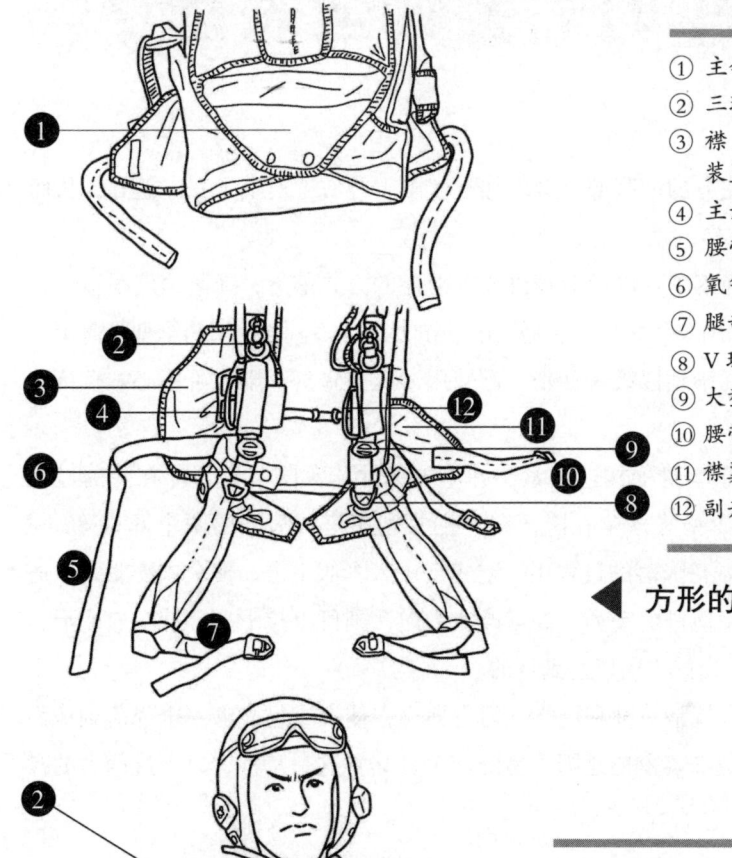

① 主伞收纳部位
② 三环式伞衣释放器
③ 襟翼及FF-22自动开伞装置收纳袋
④ 主开伞绳拉环
⑤ 腰带
⑥ 氧气面罩接驳装置固定处
⑦ 腿部吊带
⑧ V环
⑨ 大型附件环
⑩ 腰带拉长处
⑪ 襟翼及氧气系统收纳部位
⑫ 副开伞绳拉环

◀ 方形的降落伞包与背带

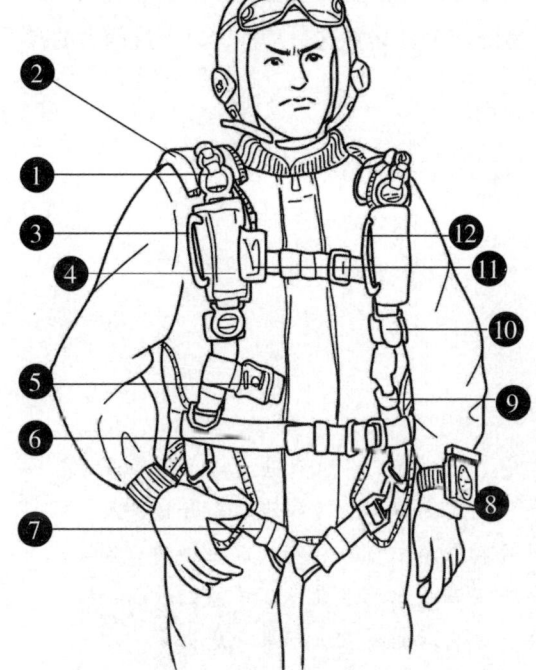

① 三环式伞衣释放器（连结降落伞与穿在身上的背带）
② 主开伞绳套
③ 主开伞绳拉环（打开主伞用的拉环）
④ 伸缩口袋
⑤ 氧气面罩接驳装置固定处
⑥ 腰带（穿过身体来固定背带）
⑦ 腿部吊带（穿过腿部来固定背带）
⑧ 高度计（MA2-30/A）
⑨ V环（把战斗背包等挂在背带上的固定具）
⑩ 大型附件环（和V环有同样的功能）
⑪ 主伞脱离包（主伞打不开时，拉下这部分可以让主伞与背袋分离）
⑫ 副开伞绳拉环（打开副伞绳拉环）

▲ 降落伞背带各部位名称

041 跳伞时需要哪些装备（2）

会因拉扯而变薄，而左方的膨胀部分会增加空气阻力与右方产生了一定差异，从而成为让降落伞整体向左转的动力。

因此，冲压翼型降落伞可以像滑翔机般以滑翔的方式落下，降落速度很缓慢，每秒仅有8米左右，和圆伞型相比，着地时的冲击要小很多。若使用圆伞型降落伞，在着地时就必须在地面滚动以缓和冲击，而使用冲压型降落伞则大可不必，直接着地就行。

圆伞型降落伞由于本身的构造因素，并不能像冲压翼降落伞那样在降落过程中产生张力。使用圆伞型降落伞在降落时，主要利用伞衣后方的两个开口（Turn Window）来进行操纵。在降落的过程中，空气会进入伞衣下方，使伞衣膨胀，并通过开口排出，以此产生前进的动力。如需改变方向，则可以拉下拉环使伞衣变形，进而改变并控制空气排出的方向以达到目的。

总而言之，降落伞就是一种利用空气阻力原理，使人或物能够安全降落到地面的工具。无论是冲压型降落伞还是圆伞型降落伞皆具备这一特性，只不过两者的操作方式略有不同。

18世纪30年代，随着热气球的问世，为了保障浮空人员的安全，杂技场上的用于缓冲的降落伞开始进入航空领域。据国外资料介绍，当时有人制成一种绸质硬骨架的降落伞，以半张开状态放置在气球吊篮的外面，伞衣底下带有伞绳，系在人的身上，如果气球失事，即乘降落伞落地。

冲压翼型降落伞

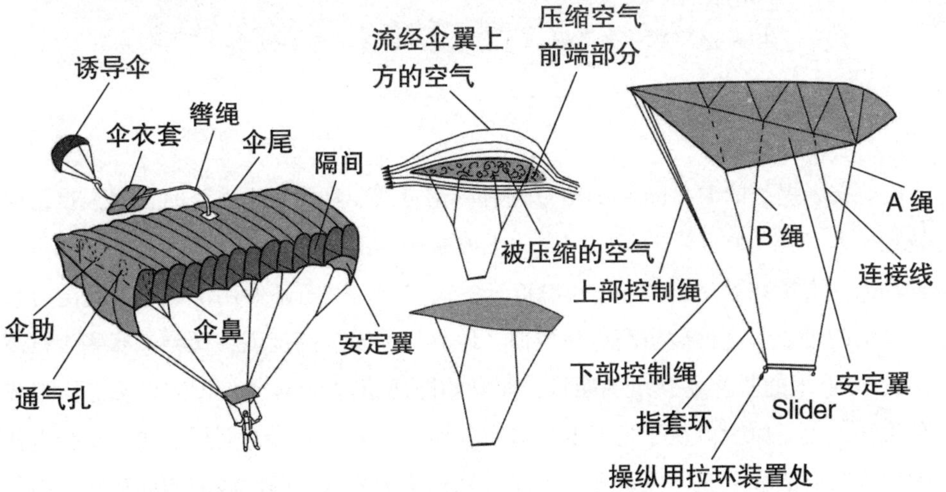

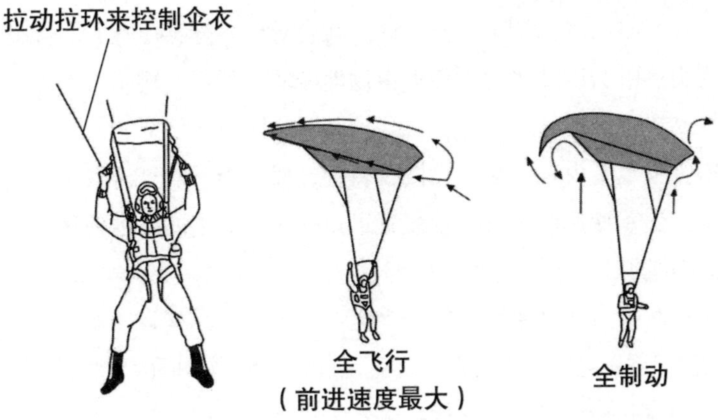

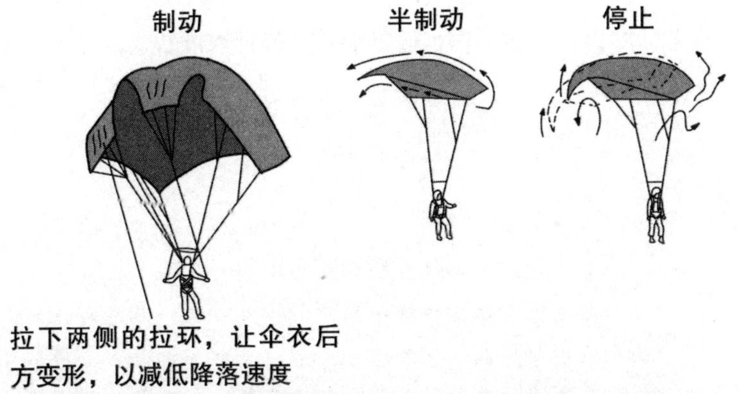

与之相比，圆伞型降落伞更为常见，在影视作品中常常能看到

跳伞时需要供氧吗

像前文中提到的 HAHO 和 HALO 两种降落方式，从飞机上跳下时侦察人员往往身处数千米乃至 10000 米的高空，因此无论采用以上哪种方式都必须携带氧气供给装置。因为人类在处于超过 3000~4000 米的高空中时，若不使用供氧装置就会有患上航空病的可能。这种病与高山症类似，但具体的发病高度因人而异，有些人在高度不到 3000 米的时候就会出现症状，而有的即使超过 5000 米依旧安然无恙。造成这种疾病的主要原因就在于高度上升时空气压力会随之下降，而压力的下降会直接影响到呼吸时的氧分压，使得身体不能得到充足的氧气。航空病的初期症状是出现强烈的睡意，若此时高度仍持续上升的话，就会导致昏迷甚至死亡。除此之外，缺氧还会损害视力、听力以及肌力，使意识逐渐变弱。所以，跳伞者在跳伞时都会使用氧气供给装置。

氧气供给装置主要由氧气面罩、接驳装置、通气管、氧气流量调节阀以及氧气瓶等部分组成。美军使用的氧气供给装置可以在 12000 米的高度使用，每分钟最多可提供 8.2 升流量的氧气。

此外，从较高的高度自由落下时，跳伞者将承受时速接近 200 千米的风速以及零下 50 摄氏度的低温。这对人类的血肉之躯无疑是个相当严峻的考验，为了保护身体，跳伞者会戴上头盔和护目镜，并在战斗服外面穿上跳伞服。跳伞服的手脚部分都有松紧带，可以避免冷风灌入，并减少空气阻力。双脚则穿上跳伞靴，其脚踝部分做得比较高，以防在着陆时因冲击而受伤。近年来若降落时携带的装备过重，还会在靴子上加装防止骨折的护具。

低空跳伞更危险吗

低空跳伞属于极限运动中的滑翔项目，其危险性比高空跳伞还要高。低空跳伞一般在高楼、悬崖、高塔、桥梁等固定物上起跳，由于距离有限，打开伞包的时间只有 5 秒钟，很难在空中调整姿势和动作。

氧气供给系统的穿戴

① 把氧气瓶袋穿在腰上

氧气瓶袋

② 在袋中装入氧气瓶，并固定住

③ 把氧气面罩装在头盔上，贴近面部

④ 让氧气面罩的接驳装置（AIROX VIII）的管子穿过降落伞背包，绕过背后

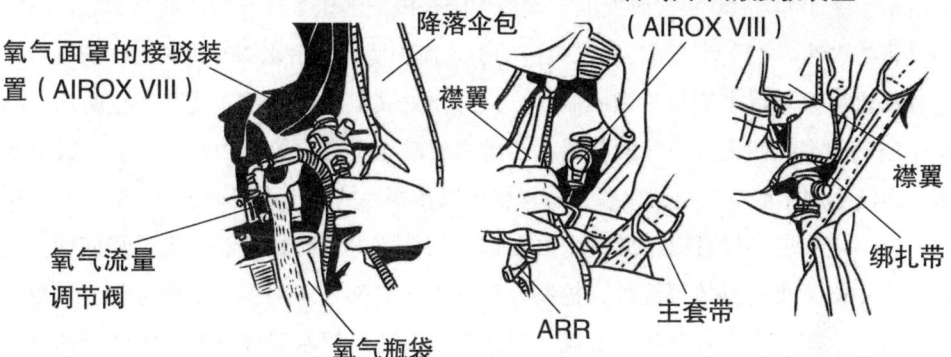

氧气面罩的接驳装置（AIROX VIII）

氧气流量调节阀

氧气瓶袋

降落伞包

襟翼

ARR

主套带

氧气面罩的接驳装置（AIROX VIII）

襟翼

绑扎带

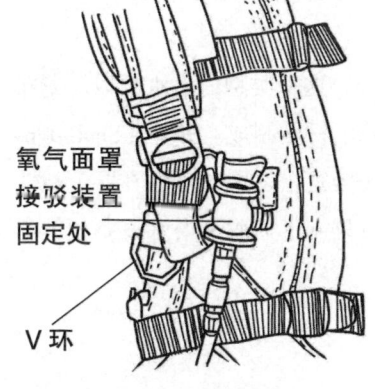

氧气面罩接驳装置固定处

V环

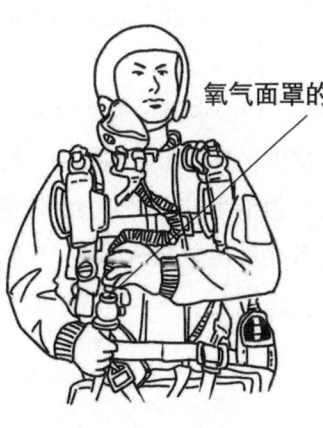

氧气面罩的接驳装置

⑤ 把氧气面罩的接驳装置固定在背带上

⑥ 接上氧气面罩

⑦ 拉紧腰带，让氧气瓶紧贴在身上

应用最广的干式潜水服是什么

在某些情况下,侦察部队队员需要从水下潜入目标区域进行侦察,执行侦察任务的地点也并不固定,可能是温暖的南洋,也可能是寒冷的北海。

如果身体浸泡在冰凉的海水中,手脚的温度会急剧下降,而且身体机能也会随之降低。当出现这种情况时身体就会自行启动防卫机制,通过收缩血管来避免热量散失。但这样容易造成血液循环不良,导致手脚反应迟钝,甚至无法控制呼吸,最后因体力消耗殆尽而死亡。据说身体泡在6摄氏度的水中30分钟后就会无法自由活动,然后在1小时之内死去。

为了能够让侦察部队队员在冰冷的海水中保持体温并正常活动,于是出现了干式潜水服。20世纪90年代研发的干式潜水服是以发泡氯丁橡胶制作的,保温性高但不具备防水性。之后空气阀与防水拉链的引入使用使干式潜水服有了划时代的进步,这种潜水服主要以发泡氯丁橡胶制作,在开口处装上防水拉链,使其完全防水,再加上空气阀来控制内部空气的数量。在潜水时潜水员会先穿好内裹再套上干式潜水服,以潜水服中的空气层来保暖,这样就可以在寒冷的海水中活动了。

这层空气层不仅可以帮助潜水员在水中抵御寒冷,而且能够作为浮袋使用。但在潜水中除了维持身体温度外,控制外部气压与内部气压的保持平衡也相当重要,因此在潜水服上会设置气压调节阀。对于需要在北海等水温极低的海中活动的海军潜水员或侦察部队队员非常适用,尤其是必须携带各种装备的侦察部队队员对这种潜水服更加喜欢。

侦察部队队员使用的干式潜水服大多是Shell-type,这一类型的潜水服以尼龙布为基底,叠加多层的纤维中含有尼龙涂料和TLS的防水材质制成。此外,Shell-type不像氯丁橡胶般有弹性,为了穿脱方便,会设计得比较宽松。因此可以在穿上战斗服并携带好各种战斗装备之后再穿上潜水服,登陆后只需迅速脱下潜水设备便能继续执行任务。

干式潜水服的优点

防止水进入，干衣内空气可以减慢热量的传播，并且干衣内可以穿着保暖衣服，有利保持体温

减少呼吸消耗的气量

减少减压病的风险

减少疲惫感

作为备用浮力装置，增加安全性

▶ 氯丁橡胶制干式潜水服

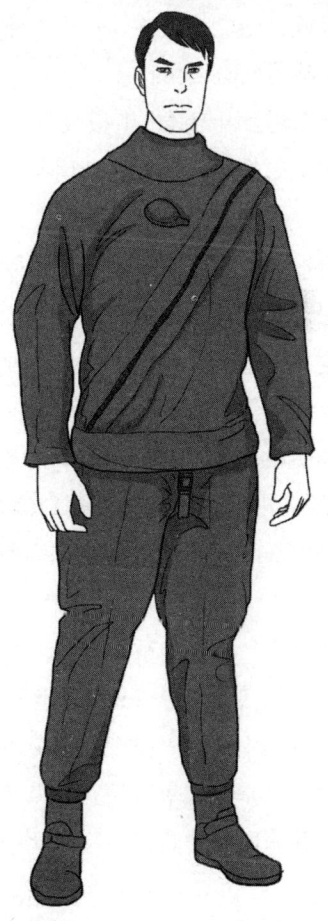

潜入侦察任务（1）

　　潜入敌方地区进行侦察是侦察部队和特种部队的主要作战任务之一，虽然现在已经有了侦察卫星、侦察机等先进的侦察技术，可以实时获得高解析度的影像，或者通过红外线拍摄到的夜间影像来看穿敌人的伪装，但还是需要有人实地搜集情报。毕竟侦察卫星、侦察机所拍摄到的影像不可能涉及到建筑物内部或者隐蔽物之下的情况。为了确认这些情报，必须派遣作战人员进行侦察才行。一般而言，这类任务危险度极高，最适合由接受过专门训练的侦察兵或特种部队队员来执行。

　　他们会通过空降或者其他各种方式潜入到目标地区，设置监视哨进行监视和收集情报。例如，在解救人质的作战中，虽然无法直接看到人质所在的建筑物内部状况，但可以通过监视设施中的人员行动或者日常活动来判断监视地点。如果监视目标是军事设施，则能从设施的规模、建筑情况来判断使用目的、驻扎人员等状况，作为军事作战时的必要情报。

　　通常，队员会用无线电汇报收集到的情报。但随着近年来信息数字化发展迅速，可以实时传送影像情报，或者利用通信卫星从地球的一端将资料直接送回本国指挥部。

　　根据情报，指挥部决定是否对目标进行打击。如果决定以飞机进行攻击，队员就要使用激光指示器（SOFLAM）照射目标，引导飞机发射激光制导导弹或炸弹进行攻击。这种高精度的攻击方式在特种作战中常被使用。

　　监视哨为了长时间进行监视活动，会在监视哨内外进行伪装，以避免被敌方发现。过去常见的监视哨多是在地面挖洞，表面覆盖树枝等杂物作为伪装。20世纪90年代开始，出现了以钢架和塑料波浪板制作的地下遮蔽所，大幅改善了队员在监视哨中的生活品质。通常一个监视哨中会安排4名队员，2人一组轮流进行监视、报告等活动。

　　在监视哨中，生火是被严令禁止的，尤其是夜晚。这就意味着在监视哨执行任务的时候，即便气候寒冷，也无法生火取暖，也无法享受热食。排泄物只能装在塑料袋之类的容器中并加以掩埋，以免被敌人察觉。总之，在监视哨中执行任务会有诸多不便之处，是非常辛苦的。

　　不过，并非所有的监视哨都如此辛苦，监视哨的设置地点是根据监视目标的程

潜入侦察用到的装备

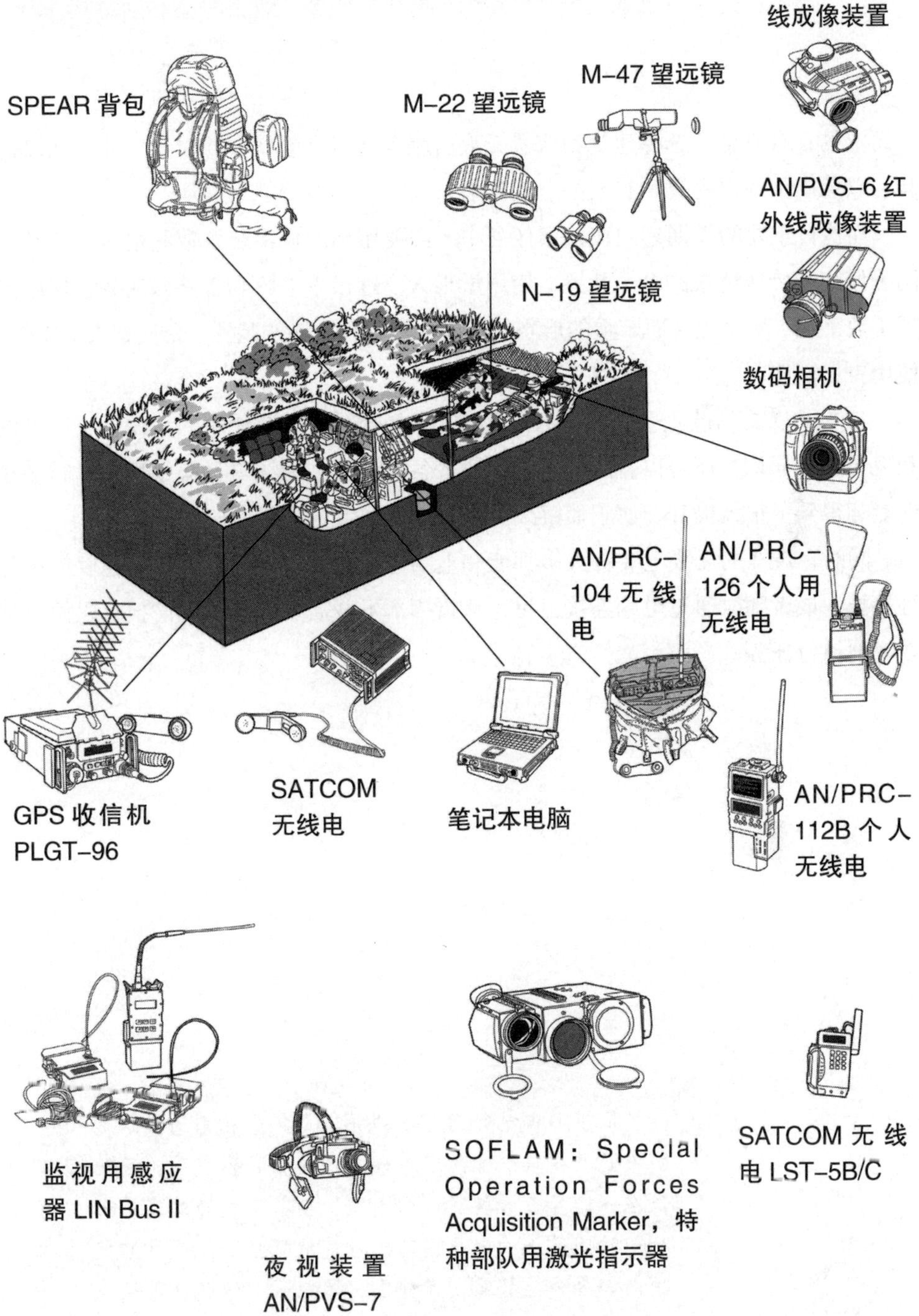

SPEAR 背包

M-22 望远镜

M-47 望远镜

Sophie 红外线成像装置

AN/PVS-6 红外线成像装置

N-19 望远镜

数码相机

AN/PRC-104 无线电

AN/PRC-126 个人用无线电

GPS 收信机 PLGT-96

SATCOM 无线电

笔记本电脑

AN/PRC-112B 个人无线电

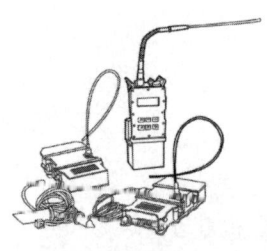

监视用感应器 LIN Bus II

夜视装置 AN/PVS-7

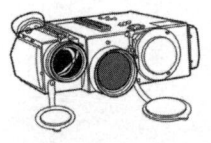

SOFLAM：Special Operation Forces Acquisition Marker，特种部队用激光指示器

SATCOM 无线电 LST-5B/C

044 潜入侦察任务（2）

度而定的，有时也会选择建筑物或者无人房屋等地点。同样，要对这些建筑加以伪装，以免周围的人察觉到有人员潜伏其中。

在执行重要的长期近距离侦察任务中，需要用到的侦察装备数量很多，尤其是用于侦察和传送情报的电子装置，使用量很大。近年来电脑和各种探测装置均已实现了数字化，从以往大而笨重的形态发展到小巧、高性能的装置，令侦察人员携带、使用更加简便。

与电子装置一起迅速发展的还有无线电。如今特种部队使用的无线电不仅可以和卫星进行通信，还可以直接传送影像或者各种档案。无线电日益小型化，容量和性能却得到了很大提升，便于侦察人员随身携带或者更隐蔽地使用。

同时，现在的无线电装备大多都能和电脑连接，通过电脑以更快的速度传送各种情报，或者随时通过电脑连接卫星，从指挥部下载需要的资料和情报，以便更有效率地执行任务。

地下监视哨的内部设施并不是完全相同的，右页图中是监视单一方向道路或者建筑物的监视哨，因此仅在一边开有监视孔。由于监视哨很可能要对目标进行长时间监视，因此内部比较宽敞且坚固，通常监视哨内部分为监视孔、监视区、器材区、休息区等几个主要区域。

地下监视哨的结构

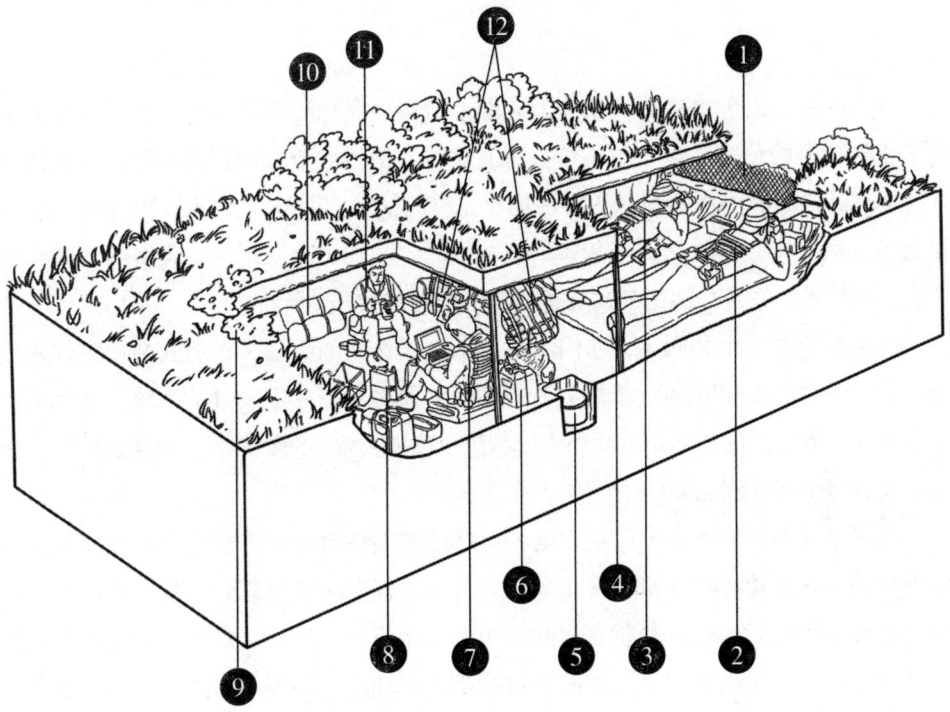

① 监视孔（为了不被人发现，会进行相应的伪装）
② 正在拍摄的队员（现在会在拍摄之后直接通过无线电传送照片或者影像）
③ 用望远镜监视的队员（白天使用普通望远镜，晚上则使用夜视装置或者红外线成像装置监视目标，并会在目标附近设置声音、红外线探测仪等装置，遥控监视目标）
④ 以钢架和波浪板构成的地下遮蔽所
⑤ 装有排泄物的塑料桶
⑥ 水桶
⑦ 进行数据通信的队员（一般情况下是两人轮流发送情报，但遇到特殊情况时往往需要发送大量情报，需要两人同时工作）
⑧ 无线电装置
⑨ 伪装过的入口
⑩ 轮流使用的睡袋
⑪ 正在吃饭的队员（监视哨中的队员只能使用简单的军用口粮）
⑫ 各种装备（包括监视器材、无线电、军用口粮、防寒物品、衣服、医药品、睡袋等。监视哨内的装备数量很多，每名队员都要通过SPEAR背包等个人装备携行系统携带大量装备）

单兵侦察系统

一直以来，由于单兵的负载能力有限，侦察兵在执行单兵侦察任务的时候无法携带比较精密的侦察装备，令侦察兵所能获得的情报比较有限，难以想像其他侦察系统那样通过整合不同情报来源得出比较完善的信息。因此，各国在20世纪末纷纷提出了"系统化"的单兵侦察装备，如美国的"陆地勇士"系统、英国的"未来一体化士兵技术"系统、法国的"装备通信一体化步兵"系统等。

这类系统有一个共同点，它们考虑到了现代作战的需要，将不同的侦察技术进行整合，并考虑到单兵的负载能力，与单兵武器构成了一个完善的系统。这些系统拥有多种获取情报的传感器（红外线成像仪、夜视装置、测距装置、通信系统等），并且通过网络和总部连接。

使用过程中，侦察兵可以利用电脑对感应到的情报进行分析，并经电脑处理后以简单的方式直接反馈在头盔显示器上。这样不仅缩短了侦察兵分析情报的时间，而且能够在短时间内根据分析完成的情报制定相应的对策。若是侦察兵正隐藏在敌方基地附近，利用红外装置之类的仪器对敌方基地进行侦察，与此同时，声呐装置发现了前来巡逻的敌方士兵，就能在敌方士兵靠近之前提醒侦察兵，及时做出应对。

以美军的"陆地勇士"系统为例，这一系统是一种综合性侦察作战系统，按照任务需要搭配不同的组件，尽量适应战场的多样性，并最大程度减轻士兵的负担。"陆地勇士"系统由武器系统、头盔系统、计算机系统、单兵装备系统等构成。武器系统中包括M4卡宾枪，枪上安装有昼夜瞄准仪、激光器，能进行目标识别、测距等工作；头盔系统包括天线、显示器、通信等装置，主要用于单兵之间沟通；计算机系统是整个系统的核心，负责控制传感器、显示器，进行导航和情报处理；单兵装备系统则是用来携带其他装备的防弹背心、战术背心。不难看出，类似"陆地勇士"的单兵侦察系统已经具有了完整的情报侦察能力，并且能极大提高士兵的侦察和作战能力。

"陆地勇士"侦察系统

头盔
局域网天线
头盔显示器
话筒

单兵装备系统
GPS
阵亡判断系统
电池组
计算机
电台

武器系统
M4卡宾枪
皮卡汀尼导轨
昼间视频瞄准具
夜间红外线瞄准具
多功能激光器
控制按钮

计算机
瞄准信息处理
地图
梯队态势
网络通信

军用地图(1)

　　军用地图是为军队作战、训练需要，而测制的各种地图的统称。因其特殊的使用价值和军事用途，世界上各国都是把它作为国家机密。

　　相比于民用地图，军用地图所包含的信息要多得多。民用地图多是根据使用需要和图幅大小选择不同比例尺和图幅尺寸，多以地理区域和行政区划范围划分，使用的比例尺也有所不同。军用地形图与一般民用地图显著的区别是，军用地图绘有山地、平原等各种地形和地面上几乎所有各种详尽的地物要素，以航空、航天摄影测量作为获取地形信息的主要手段，根据地形要素对军队行动的影响进行地图内容的综合取舍的制图综合方法，使地图内容清晰易读，正确反映区域地形特征。

　　军用地图更为显著的特征是比例尺。非城市地区的军用地图，会有高密度的等高线，即等高线差值小。大比例尺地图、军事地图不会随意根据地图大小设定比例尺，只有几个通用的比例尺：1:1万、1:2.5万、1:5万、1:10万、1:50万、1:100万。其中1:1万、1:2.5万、1:5万、1:10万为大比例尺地形图，通常大比例尺地形图为实测图，具有内容详细精确的特点，可从图上量取角度、距离、坡度、坐标、高程和面积，用于研究地形、确定炮兵射击诸元和组织指挥部队作战，是军队作战指挥的基本用图。1:20万、1:50万、1:100万为小比例尺地图，小比例尺地图是编绘图，表示较大区域的地形概貌和地理形势，主要供高级指挥员和指挥机关研究制订战略、战役计划，组织指挥大兵团作战使用。

　　此外，军用地图上还有平面直角坐标和地理坐标两种坐标系统，能准确表示地形要素的地理位置，便于图上量算和目标定位。大比例尺地图上绘有平面直角坐标网，无地理坐标网；小比例尺地图只绘有地理坐标网，无平面直角坐标网。

　　在表示采用统一的地形图符号，图上绘有独立地物、居民地、道路、桥梁、水系、土壤、植被以及山地、平原等各种地形要素，便于识别和使用。对在图上按规范需要表示的地形地物要全面表示，地物繁多不能同时表示时，要进行综合取舍。对军事行动有判断方位的独立地物，如独立的树木、建筑物、桥等是必须突出重点表示，不可遗漏。对军事行动有障碍作用的，如变形地、冲沟、陡崖、滑坡、陡石山等，也需要一一确实表示在地图上。对特殊地物，例如气象站、变电所、车站、发电厂等，使用相关符号表示，便于识别。高程、比高、河宽、水深、流速、桥梁长宽载重量

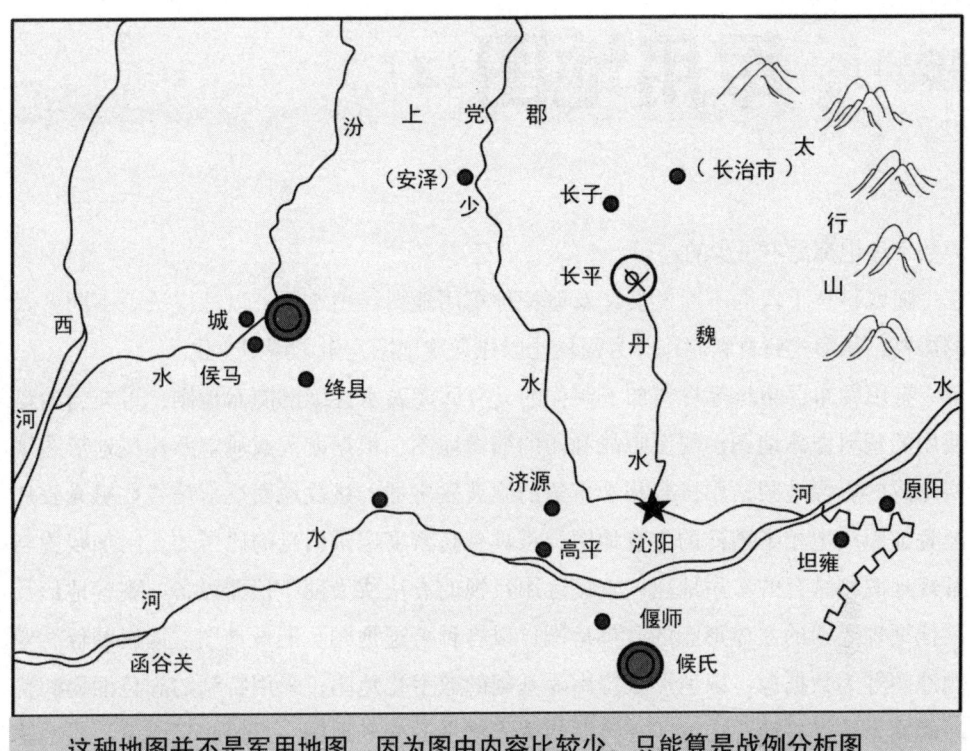

这种地图并不是军用地图，因为图中内容比较少，只能算是战例分析图

现代军用地图

军用地图（2）

等数字注记都是不可少的。

随着科技手段的不断发展，新型特种军用地图浮出水面，以适应战争不同形式的需要，从形式到材料制作等方面均比以往常规地图发生了深刻变化。

有用绸布、塑料等材料加工制作的具有防潮防水性能的防水地图；可充当沙盘使用的塑料立体地图；便于野战制印的缩微地图；根据航天或航空照片按地形图规格制成的影像地图；用机载相干雷达的微波发生器，接收地面反射信号在感光胶片上叠加而产生相干图样的全息地图；将具有高密度记录信息的磁带加上附加装置与常规地图相结合的有声地图；直接运用目视的方法或借助于仪器设备，观察地形及其他地理要素的立体形态的立体地图；以各种普通地图、影像地图、遥感图像、专题地图等为数据源，以地形数据库为基础的数字化地图；采用特制的彩色油墨和普通印刷方法，将地图内容印在特制的荧光纸上的夜光地图；在黑暗环境下，借助不可见的紫外线照射图面，可清晰浏览地图内容的发光地图；以微型计算机作控制的地图显示装置，以及利用虚拟现实技术制作的"可进入地图"等。丰富了战时地图生产和供应工作的内容与方式，它们都是地形图的特殊形式。

网络地图会泄密吗

现在市面上有许多网络地图，它们提供的免费地图平均分辨率在20米左右，有些通过升级还能得到更清楚的图像，甚至堪比海湾战争时期世界主要军用间谍卫星的精度。因此，在许多国家，对网络地图的监管十分严格，要在通过审核后将敏感信息去除才能上市。

现代军用地图的一些标识

	稻田		河流		陡石山
	树木		湖泊		气象站
	桥		冲沟		变电所
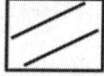	大道		陡崖		发电站
	小道		变形地		建筑物
	雷区		滑坡路段		火车站
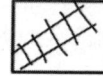	双轨铁路	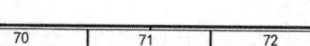			经纬度

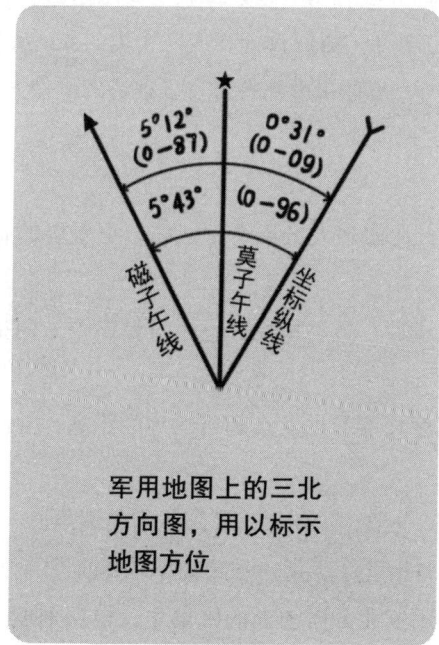

军用地图上的三北方向图，用以标示地图方位

其他一些图例

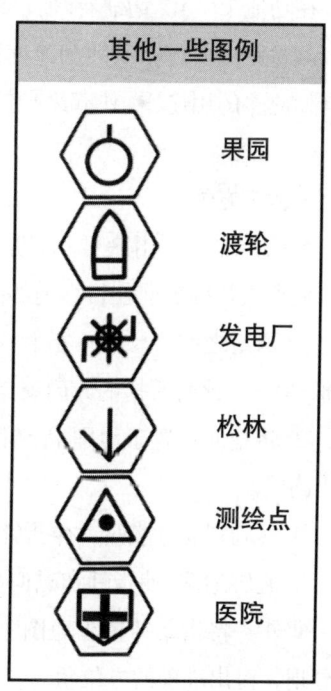

军用指北针(1)

指北针是中国古代的四大发明之一，从很早就已经被用于军事用途。不过，当时的指北针结构比较简单，只是用来帮助将领识别方向。相比之下，现代的军用指北针就比较复杂了，其用途也不仅仅是识别方向，还能测定距离、坡度、磁偏角、方位角、高度等。

由于战场的特殊环境，因此要求军用罗盘必须具备防震、防水、坚固以及工艺简单、零件通用这些基本的特点；独特的夜光功能可以在黑暗环境中迅速、准确地看清所需的数据，出于战术隐蔽的要求，军用罗盘必须采用低反射性的金属、塑料、纤维材质，镜片也必须做防反光处理。

在GPS装置广泛使用之前，美军侦察部队采用的多是M2指北针，M2被认为是美军最精确的指北针，其无与伦比的高精密度和超强的稳定性受到侦察部队的青睐。M2的优秀性能令其相对其他型号的罗盘来得昂贵，因此并没有大量装备部队，主要配备侦察部队、炮兵部队和各兵种的特种作战单位。

在功能上，M2指北针和其他军用指北针并没有明显差异，其主要用途有测定方位、测量距离、行军时间和速度计算、测定坡度、测量目标高度几大类。M2指北针拥有如此多的用途，操作起来自然也并不简单，每种用途都有着自己独特的操作方式。

· **测定方位**

军用指北针的用途可不光是指示方向，让侦察人员不至于迷路，更重要的是它能帮侦察人员确定前往目标地的准确方向。

① 测定之前，要校正指北针。打开盖子后，转动指北针，通过调整令方向指针对准"0"，此时所指的方向就是正北方。

② 将指北针置于地图上，用边缘的刻度尺测量出发点到目的地的距离，并画线标出路线。

③ 转动指北针表盘，令指针和纬线方向一致，这就得出了路线的磁偏角。

④ 旋转地图，使指针和磁偏角重合，此时指北针所指的方向就是需要前进的方向。

此外，将指北针置于地图上，然后对比三北方向图上的磁偏角，根据刻度盘上的分划，得出准确的方位角。

军用指北针的结构

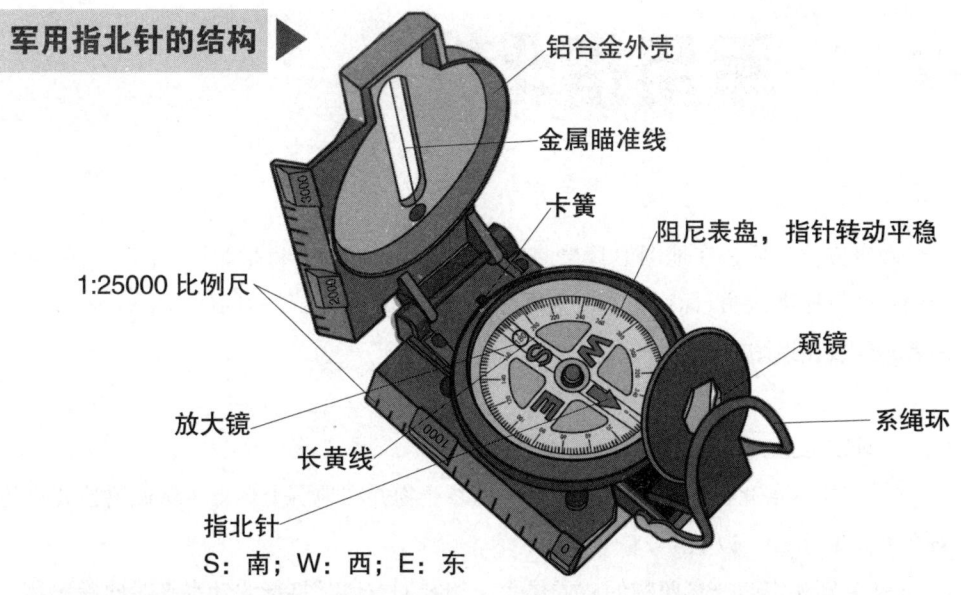

- 铝合金外壳
- 金属瞄准线
- 卡簧
- 阻尼表盘，指针转动平稳
- 窥镜
- 系绳环
- 1:25000 比例尺
- 放大镜
- 长黄线
- 指北针
  S：南；W：西；E：东

测定目的地方位

① 要确定从 A 点（你的位置）到 B 点（你的目的地）的方向，首先应使箭头从 A 点指向 B 点。延指北针的边缘测量 AB 线的距离，并参照地图的比例

② 旋转中央刻度盘使南北线与地图的网格重合。指北箭头现在指向地图的北面。这就确定了方向（AB 线和磁北之间的角）

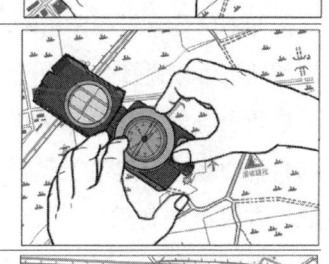

③ 旋转地图使指北箭头与磁北重合。指南针上旅行方向箭头将指向你设置的方向

④ 现在，你可以拿起指北针按照旅行方向箭头前进。保持指北针处于水平位置，并使刻度盘上的指北箭头与磁盘上的北方重合

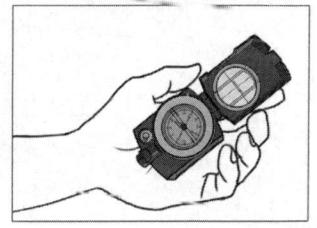

军用指北针(2)

确定方位角后,在地图上找出两个可看出的目标物。将指北针的瞄准线朝向其中的一个目标物,将目标物的方位角延伸线绘制于地图上,然后同样测量另一目标物,两者延伸线在地图上交汇处就是目前所处位置。

- 确定位置

① 在校正指北针以后,选择两个可见参照物并在地图上标出(参照物位置应与所在方向偏差20°以上)。

② 分别测定两个参照物的磁方位角。测定的方法是将指北针水平对向参照物,读出测定方向线所指刻度,即磁方位角。

③ 将指北针方向保持正确,置于地图上,转动表盘令指针与测定方向线重合,沿指北针长边画线,两个参照物所得的两条直线交汇处即所在位置。

除此以外,像M2这样的军用指北针上还带有测角器、比例尺等工具,对侦察部队在未知地区侦察时测定山峰高度、坡度、距离等数据有很大帮助。即便是没有地图,侦察部队也可以通过各种测量,将所侦察区域的地形记录下来,以便日后使用。

尽管当随着科学技术的发展,GPS的应用逐步普及,但指北针因其原理是利用地球自身磁场进行定位,无需任何能源,没盲区,这一点在恶劣的环境下非常重要。指北针在没有受到磁场干扰的情况下具有简单可靠的优点,指北针至今仍是军事、航海、地质、探险等野外活动的必备基本工具。

指南针和指北针

实际上,指南针和指北针是完全相同的工具,不过由于古代发明指南针的时候,人们关注更多的是太阳的方位,太阳正是位于南方,因此叫作指南针。后来,人们认识到北半球地区距离磁北极比较近,而且专业制图需要考虑地理北极与磁北极的偏角,所以现在大多称作指北针。

测定所在位置

选择2个或者更多的参照物,并在地图上确定,你可以大致掌握你的位置。通过指北针,你从参照物反向测量方位,从而在地图上得到一个更精确的位置

测量时,垂直的瞄准线应位于目标的正中

① 考察该地区,选定两处具有特色并且在地图上标出的参照物。这些参照物(这里选两座房子)应与前进方向至少偏差20°

② 测量第一座房子的方向。如果该地区磁偏角较大,则应将它加上或者减去,否则你会迷失方向,在地图上确定该特征

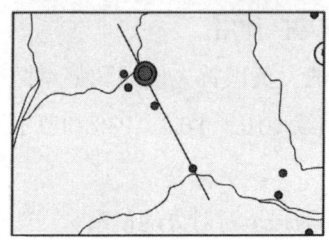

③ 在地图上用铅笔从参照物处向后画一条线。这一步可以通过在原方向上增减180°或读出在指南针的刻度盘上与原方向成180°角的相反方向来完成

④ 测量第二座房子的方向。在丛林、沼泽、沙漠或下雪地带,山顶可能是唯一的特征,因此要使用地图上的等高线来判断它们的位置

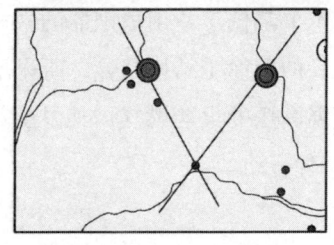

⑤ 标出地图上第二处参照物向后的方向,如步骤③。你的位置就处于它们的交叉点

048 微声枪

微声枪，顾名思义就是发射时只会产生很小声音的枪械。这类枪通常被称作无声枪，但实际上，它在射击时并非完全无声，而是声音比较微弱，即使是在寂静的环境中，一般也不会引起附近其他人的注意。微声枪有微声、微光、微烟等特点，也就是说几乎听不到开枪的声音，看不到开枪时的烟和火焰，它是侦察部队不可缺少的特种武器。

微声枪目前有两种：一种是用来消灭单个敌人的微声手枪；另一种是用来袭击小股敌人的微声冲锋枪。微声枪通常是用装在普通枪管上的消声器来达到消声作用的。

1908年，美国制造商和发明家H.P·马克沁（发明重机枪的H.S·马克沁之子）发明了世界上第一个枪用消声器，微声枪由此而诞生。1908年，马克沁制造出第一猎枪用消声器，使猎枪射击声大大减小。当年3月25日，马克沁获得这项发明的第一个专利。1912年，美国将马克沁的消声器加以改进，装在步枪上，制出了最早的微声步枪。后来又制成了微声手枪，供谍报人员和侦察部队使用。

第二次世界大战期间，微声枪已经被广泛用于实战。英国首先使用和德累斯勒微声卡宾枪和斯登微声冲锋枪。后来，德国、美国也陆续使用了P0.8、P38和威尔洛德微声手枪。

在冷战时期，由于东西方阵营对立，美苏两大国都加强了对对方的侦察。当然，由于并非战争时期，并不能派遣侦察部队，而是以谍报人员为主。这些谍报人员所使用的枪械大多属于微声枪，而且外形奇特，常常被伪装成其他生活用品，如匕首枪、唇膏枪、钢笔枪、戒指枪等。

需要注意的是，那些能够加装消声器实现抑制声音效果的枪械并不算微声枪。真正的微声枪没有消音器，这些武器的体积都非常紧凑。通过自身结构几乎完全消除了火药气体的溢出，它们的发射声响都非常低，基本上都低于使用消声器的常规武器。但是，这样的代价也很明显：较低的威力、单一的用途（结构迥异，所以不可能使用常规弹药），同时抛出的弹壳由于封装有高温高压的火药燃气，其温度非常高。由于以上种种限制，这类武器仅被少量使用与特种行动。

并不是没有声音

微声枪在发射时也会有声音，但是声音和生活中背景噪声混杂在一起，很难分辨

传闻H.P·马克沁喜欢安静环境，厌嘈杂声，特别是打猎时的猎枪声。为此他决心研制出能消除噪声的装置。马克沁研究认为，通过某种装置使枪弹击发时排出的气体作旋转运动，就可充分消除噪声。1908年，马克沁制造出第一种猎枪用消声器，使猎枪射击声大大减小

用于谍战的微声枪

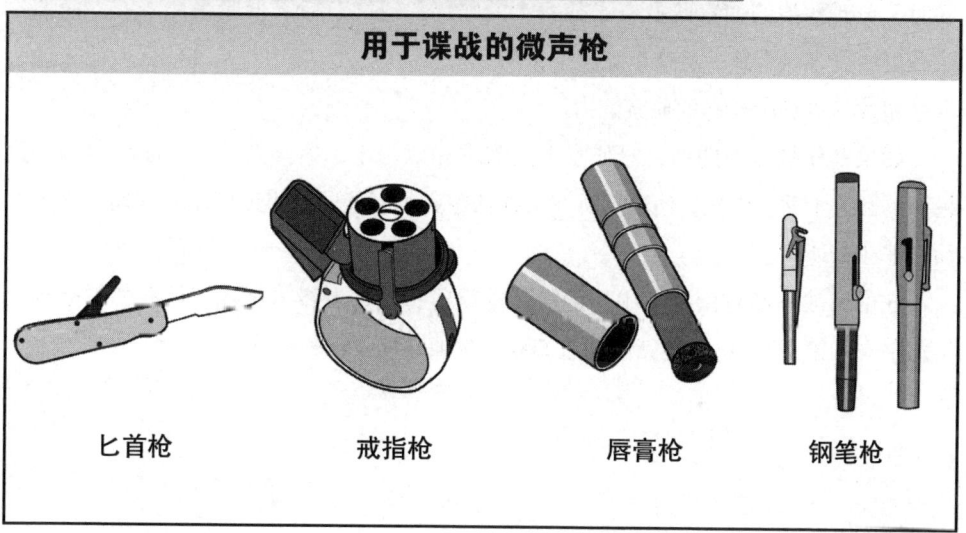

匕首枪　　　戒指枪　　　唇膏枪　　　钢笔枪

121

侦察犬

侦察部队作为军事侦察的执行者，堪称大规模军事行动的"尖刀"。虽然他们的作战能力和侦察能力都非常优秀，但由于人类本身并没有像许多动物那般敏锐的视觉和嗅觉，因此对一些潜在的危险或者情况无法第一时间感觉到。这时候，经过特殊训练的侦察犬就能派上用场了。

犬类有着灵敏的嗅觉、听觉和夜视能力，在任何地形上敏捷的活动力和对恶劣环境的忍耐力，被成功应用于战场侦察行动。它们与侦察兵一起，或深入敌后搜集第一手作战情报，或孤军潜入在无声无息中发出致命一击。

随着战争形态的演变和训犬技术的发展，犬在作战中的作用不断分化细化，用犬进行军事侦察也更加专业化。军事侦察，按照任务范围分为战略侦察、战役侦察、战术侦察。侦察犬的作用更多地体现在战术侦察上，当然也会根据作战需要，配属特定的侦察力量实施战役或战略层面的侦察。通过对有关侦察犬的战史资料进行分析不难发现，侦察犬在先遣侦察、行军侦察、宿营侦察、直前侦察等行动中发挥出了重要作用。

侦察犬能够对来袭的敌人和陷阱提前感知并发出预警。一些有记录的军事行动档案表明，在有侦察犬参与的侦察任务中，可以极大地减小被敌人袭击的危险性。同时，单兵作战的侦察队员有了侦察犬的陪伴，也能有效降低紧张和不安，使侦察队员更加具有安全感。从这个意义上来看，侦察犬的投入使用对提高侦察效能来说，远远超过其本身所具有的侦察能力。

如果是作战任务的话，对侦察犬的需求相对较小，侦察犬也不可能敌得过手持枪械的敌方士兵。当然，侦察部队在选择侦察犬的时候所看重的就是它的侦察能力，而并非攻击能力。

在朝鲜战争和越南战争中，美国陆军就曾将侦察犬投入战场。仅在朝鲜战场，美国陆军的第26侦察犬排就参加过500多次侦察巡逻任务。

侦察犬的优势

嗅觉：经过训练后比人类高出上万倍

视觉：能够在夜间观察事物

听力：大约是人类的 16 倍

侦察犬的用途

追踪

搜查

警戒

搜雷

必要时还可以利用侦察犬的攻击力对敌人发起突然袭击

军用海豚

海豚是智力比较高的动物之一，尤其是海豚头部具有回声定位的结构，与声呐十分相似，可以胜任侦察监听任务，迅速识别和扫清各种型号的水雷，还可以携带炸药、水雷攻击敌方战备。此外，海豚还可以帮助舰艇导航、潜艇护送、海难人员救助等任务。

美国和苏联是世界上最早将海豚应用到现代侦察作战的国家。早在20世纪30年代，美军就开始研究利用海豚并取得了不错的效果。在1962年古巴危机期间，美国中央情报局利用海豚将侦察仪器放置在一艘核动力苏联船的外壳上，成功窃取船上的资料。在1991年的沙漠风暴行动中，一次战斗刚打响，正在航行的美军舰艇突然收到了领航海豚的警告（经过训练的海豚在发现水雷后会在海面跳跃，表示该区域有水雷），迅速采取规避措施，从而避免了该舰触雷的厄运。

苏联时期的"海豚作战计划"开始于20世纪60年代。黑海的克里米亚半岛，有一个代号为"99727"的秘密海军基地。它是苏联最鲜为人知的海军基地之一，驻扎在这个基地内的"士兵"就是堪称"绝密武器"的海豚。1973年，苏联海军就在克里米亚塞瓦斯托波尔港训练海豚执行军事任务，主要负责搜索和警戒任务，用以保卫黑海舰队的船只和军港。1974年，一只名叫"格尔库列斯"的海豚在前联历史上立了首功，它在51米深的水下发现并标明了一枚沉没鱼雷的位置。

目前，美国海军共有100多只军用海豚，它们共编成5个分队，其中3个分队主要执行识别水雷任务。它们的主要训练基地位于加利福尼亚州的圣迭戈。除此以外，还有一些海狮和白鲸服役也和海豚一起接受训练，以供侦察使用。俄罗斯也有不少军用海豚，尤其是在克里米亚加入俄罗斯以后，原本位于克里米亚塞瓦斯托波尔国家海洋馆的军用海豚都被俄罗斯海军接管。

海豚的"声呐"系统

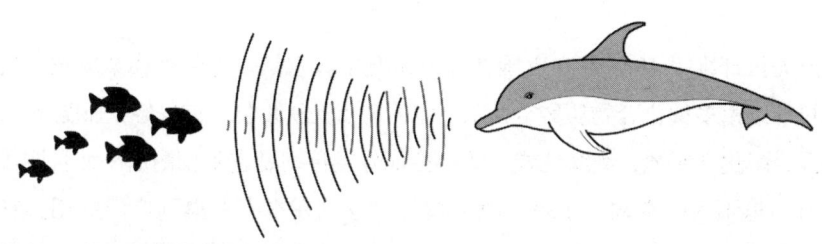

海豚的回声定位原理与蝙蝠相同,一个部位用于发声,另一部位接收回音

携带扫雷装置的海豚,海豚发现水雷之后装置会发出警报,然后由潜水员完成排雷,也有一些海豚会携带少量炸药,在发现水雷后直接引爆炸药排除

专题：神奇的凯夫拉纤维

凯夫拉纤维于 1965 年在美国杜邦公司诞生。它是一种芳香族聚酰胺有机纤维。凯夫拉纤维由多种化合物质融合而成，它的特点是密度低，重量轻，强度高，韧度好，耐高温，耐化学腐蚀，绝缘性能和纺织性能好。特别是它坚韧耐磨，而且刚柔相济，几乎有刀枪不入的本领。于是，凯夫拉纤维立刻在军事上得到广泛应用，它被制成坦克、装甲车的外壳，防弹衣、防弹背心、头盔等，赢得"装甲卫士""防弹新秀"的美称。

对于坦克、装甲车来说，要提高它们的防护能力，必须加厚其外壳，这样肯定会加重坦克和装甲车的重量，影响其速度和灵活性。由于凯夫拉纤维材料的密度比尼龙、聚酯和玻璃纤维小一半，在防护力相同的情况下，其重量可减少一半，而且凯夫拉纤维层压薄板的韧性是玻璃钢的 3 倍，经得起反复撞击，所以，用凯夫拉纤维层压薄板来代替钢、铝、玻璃钢装甲是最理想的。

据军事专家统计，战场人员伤亡数的 75% 是由流弹或弹片造成的。为提高作战人员的生存率，人们越来越重视对防弹衣的研制。在众多的防弹材料中，凯夫拉纤维后来居上，成为材料技术领域的佼佼者。用凯夫拉纤维代替尼龙和玻璃纤维，可使防弹衣重量减轻 50%；防护能力增加 1 倍。用凯夫拉纤维制成的防弹衣仅重 2~3 千克，穿着舒适，行动方便，很受欢迎。在黎巴嫩战场上，以色列士兵穿了凯夫拉纤维防弹衣，因弹片致伤人数减少了 25%。以凯夫拉纤维制成的防弹背心，能经受各种距离的手枪子弹和 50 米距离上的冲锋枪、半自动步枪子弹的射击。凯夫拉纤维同样也是制造头盔的好材料。美国用了 6 年时间，花费 250 万美元，研制出用凯夫拉纤维材料制成的钢性头盔，从而结束了作为美国陆军象征的"钢锅"式的钢盔时代。新型头盔仅重 1.45 千克，防弹能力比老式钢盔强 33%。

第四章
侦察平台

051 空中侦察主力的侦察机

这里所说的侦察机特指的是固定翼侦察机，它是航空侦察的代表性平台，不过在飞机出现之前，航空侦察就已经是军事侦察的重要手段。揭开航空侦察技术历史第一页的是法国大革命时期法兰西共和国军队使用的热气球，他们派遣侦察人员从热气球上观察了比利时军队的阵地。1910年6月9日，法国陆军的玛尔科奈大尉和弗坎中尉驾驶着一架亨利·法尔曼双翼机进行了世界上第一次试验性的侦察飞行。这架飞机本是单座飞机，由弗坎中尉钻到驾驶座和发动机之间，手拿照相机对地面的道路、铁路、城镇和农田进行了拍照。可以说，从这一天起，侦察机便诞生了。

在第一次世界大战期间，侦察机主要执行战术侦察任务。而到了第二次世界大战期间，侦察机的侦察任务由战术侦察扩展到了战役、战略范围，作为一种先进侦察手段，侦察机所带来的情报源被世界多国列为军队情报的首位。

战术侦察任务则集中针对战场上其他军队在战线上与战线后方的活动与变化。如说军队的调动，防线的变化，补给地区的调查等。

战略侦察任务针对的是本国以外的其他国家与地区的侦察，包括对于各种设施、建设、活动等的侦察与情报分析，这些情报不一定是军事方面的情报，譬如说某个国家的电力使用，农作物的收成，交通线的开发等。

不过，侦察机的使用也为各国之间带来了新的冲突，尤其是担任战略侦察任务的机种需要进入或接近其他国家的领土或者是领海空域，这种行为无疑的会引发被侦察的国家的抗议，严重的时候还可能引发反击的行为。冷战时期这一类的事件相当频繁，也制造出了多次紧张气氛。

什么是固定翼飞机

通常人们所说的飞机特指的就是固定翼飞机，固定翼飞机的升力来源于机身的固定机翼。固定翼飞机是人类在20世纪所取得的最重大的科学技术成就之一，有人将它与电视和计算机并列为20世纪对人类影响最大的三大发明。

战术侦察机具有低空、高速飞行性能，用以获取战役战术情报，通常用战斗机改装而成

战略侦察机具有航程远和高空、高速飞行性能，用以获取战略情报，多是专门设计的

E-8C "联合星系统"

E-8侦察机的全称是"联合监视目标攻击雷达系统"（Joint Surveillance Target Attack Radar System）。这是一种先进的远距空地监视飞机，虽然它也像其他预警机那样装有高性能雷达及其他先进设备，但该机所监控的对象并不是空中目标，而主要用于对付地面和海面目标。

E-8能在任何气象条件下对地面目标进行定位、探测与跟踪。当它在空中飞行时，无论前方、后方或侧面，都可对地面静止或移动目标进行探测与跟踪，其纵深距离可达到250千米左右。由此可见，E-8C是现代空地一体战的重要装备，对监视军事冲突和突发事件中的地面情况，控制空地联合作战都具有重要作用。

E-8的研制计划起源于20世纪80年代初。1988年4月，诺斯罗普-格鲁门公司制造出了第一架E-8A原型机，并很快完成了飞行试验，但是该机尚未安装雷达探测设备。同年12月，诺顿公司制造的雷达探测设备安装到该型飞机上，同时进行了首次全面的飞行试验。

E-8装有世界上作用距离最远的战场监视雷达，探测距离达250千米。飞机实用升限可达10688~12802米，飞行速度722~945千米/时，续航时间长达11小时，一次空中加油则可达20小时。

用于进行远程侦察的雷达舱位于机身下，即前机身下白色长形物体。利用舱内强劲的AN/APY-3多模式侧视相控阵I波段电子扫描合成孔径雷达，E-8可以发现机身任意一侧50000千米^{2}地面上的目标，然后引导和指挥作战飞机和地面部队发起攻击。

海湾战争JSTARS试验机匆匆赶到战场，并发挥了巨大作用，多次指挥美军摧毁伊拉克地面部队。一旦发现可疑目标，E-8即将目标区影像传给空中待命的F-15，让F-15能准确发起攻击，有效压制了伊军导弹。期间飞行出击49次，总计500飞行小时。

E-8 联合监视目标攻击雷达系统

之所以称为"联合监视目标攻击雷达系统",源于其雷达的先进性,它能够配合美军的任何作战平台进行指挥、通信、引导的工作

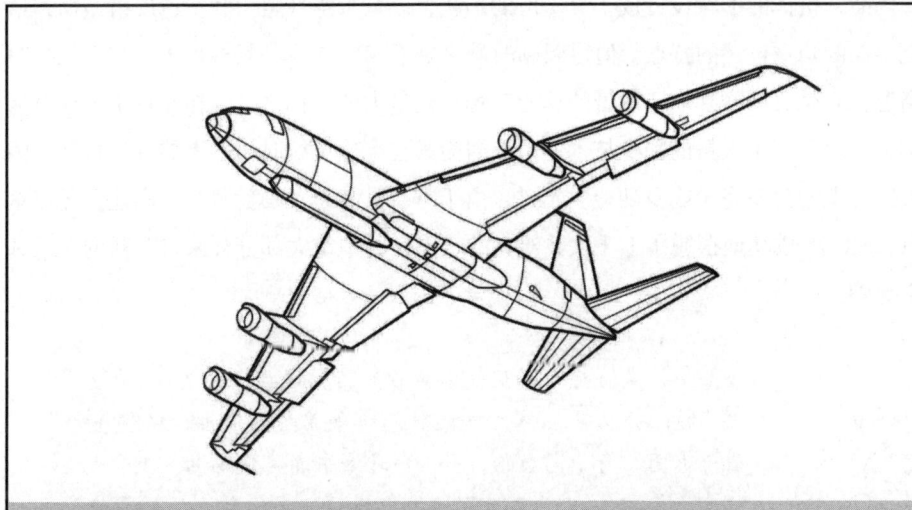

以波音 707 科技改装而成,前机身下方的雷达舱是整个系统的核心

SR-71 "黑鸟"侦察机

SR-71 "黑鸟"侦察机是由美国著名飞机设计师凯利·约翰逊所领导的臭鼬工厂（洛克希德·马丁公司高级开发项目）操刀设计，该单位同样也设计了 U-2 高空侦察机等知名的军机作品。SR-71 上使用了大量当时的先进技术，不但是第一架采取隐身设计的飞机，更能以马赫数 3 的高速躲避敌机与防空导弹。在实战记录上，没有任何一架 SR-71 曾被击落过。

SR-71 侦察机从 1966 年进入美国空军服役，至 1998 年退役为止，在 30 多年的时间中都是美国战略航空侦察任务的主力飞机。在 SR-71 黑鸟式侦察机之前，U-2 是美军的主要战略侦察飞机，但在苏联境内侦察时，U-2 多次被击落，因此美军迫切需要一种能够以高速摆脱导弹，速度达到马赫数 3 以上的超声速侦察机。

然而，通常马赫数达到 2.5 时就已经来到"热障"的界线。所谓"热障"，是指飞行器高速飞行时能保证自身安全的速度临界值，低于这一值，气动加热不严重，可用常规的方法和材料设计、制造飞机；高于该值，则必须采取克服气动加热问题的措施。

要实现马赫数 3 以上的速度，通常用来制造飞机的铝合金显然无法达到要求，因此 SR-71 黑鸟式侦察机的机体有 85% 采用了钛合金以提高耐热程度。

同时，机体的形状设计成十分平滑的形状，以减少空气阻力和雷达反射截面，这也是早期的隐身设计的特点。值得讽刺的是，由于 SR-71 本身目标庞大，加上飞行时的高温，它是美国联邦航空总署的远程雷达上是最大的目标之一，在几百千米外就能追踪。即使采用了大量的隐身技术，但是因为其在高速飞行时候巨大的红外特征，因此它实际上不具备完全隐身功能。不过，由于本身具有超过马赫数 3 的高速，凭借这一点，SR-71 成功地摆脱了上千次针对它的攻击，其中绝大部分都来自苏联的飞机和对空导弹。

声速是指在空气中声音的传播速度，为 343.2 米/秒。声速又会依空气之状态（如湿度、温度、密度）不同而有不同数值。如 0℃时海平面声速约为 331.5 米/秒；10 000 米高空的声速约为 295 米/秒；另外每升高 1 摄氏度，声速就增加 0.607 米/秒。马赫数 1 表示 1 倍声速。

SR-71"黑鸟"侦察机三视图

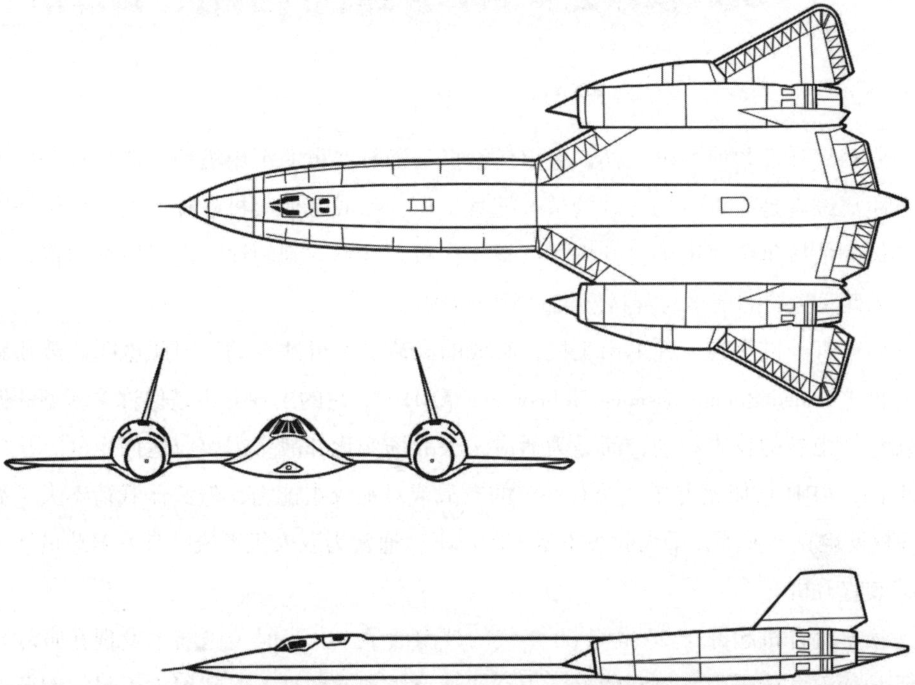

现存于西雅图飞行博物馆的 SR-71"黑鸟"侦察机

武装侦察直升机和普通直升机有什么区别

侦察直升机和侦察机一样，是担任情报与资料搜集的军用机种。侦察直升机担任近距离或者是接近战场地区的情报搜集工作，和战术侦察机一样，主要是担任军方支援的侦搜角色。由于直升机可以悬停在敌人探测不到的地方进行情报与资料搜集，因此是主要的情报与资料搜集的军用机种之一。

侦察直升机作为一种军用飞机，必要的武装是不可缺少的，因此也叫武装侦察直升机（Armed Reconnaissance Helicopter，ARH）。它的出现并不是像许多新型武器系统那样由新的技术拉动，而是为适应未来战场变化和战术需要应运而生的。从广义上讲，ARH指侦察专用，兼有一定的空战或对地攻击能力，但武器载荷不大（如4~6枚反坦克导弹），最大起飞重量6吨以下，通常为双人机组或具有一定载员能力的武装直升机。

侦察直升机起源于20世纪60年代的越南战争中。当时美国陆军发现在野战环境下地面部队的火力支援和侦察能力在快速反应和有效性上存在很大不足，因此前线美军急需装备一种可同时执行低空侦察和对地攻击任务的多用途直升机。美国陆军曾将原休斯OH-6"印地安小马"轻型观察直升机加装重机枪，使其具备一定火力支援能力，但结果并不理想。

20世纪80年代之后，专门设计的武装侦察直升机问世。这种直升机的侦察手段从目视侦察为主发展到以光电侦察、雷达侦察为主，令侦察直升机具备了昼夜侦察能力。同时，潜望式侦察舱的出现使侦察直升机能够在利用山脊与丛林进行隐蔽的同时进行观察，减少自身暴露的时间，提高了侦察直升机的战场生存能力。

目前，侦察直升机已经发展出了预警直升机、光电侦察直升机、雷达侦察直升机几种，分别针对不同的情况使用。

OH-6主要执行的是观测、侦察、目标识别和指挥管理任务,但作为权宜之计的这种改装系统并不能完全兼顾侦察和攻击作战能力,因此造成了顾此失彼的结果

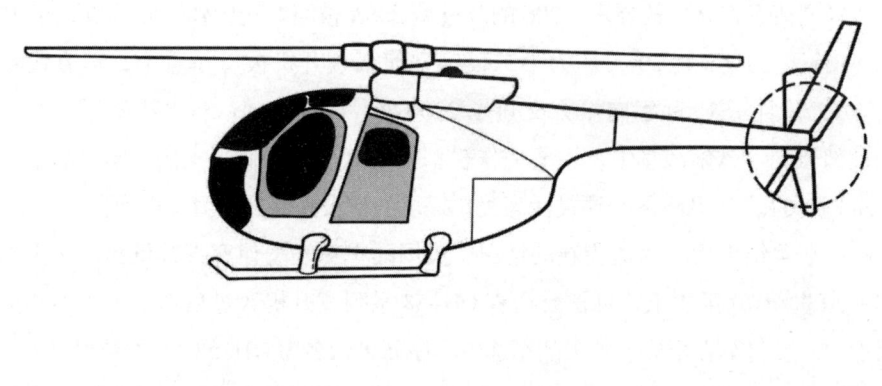

RAH-66直升机是一款由波音与塞考斯基替美国陆军合作开发的侦察直升机,具有一定的隐身能力

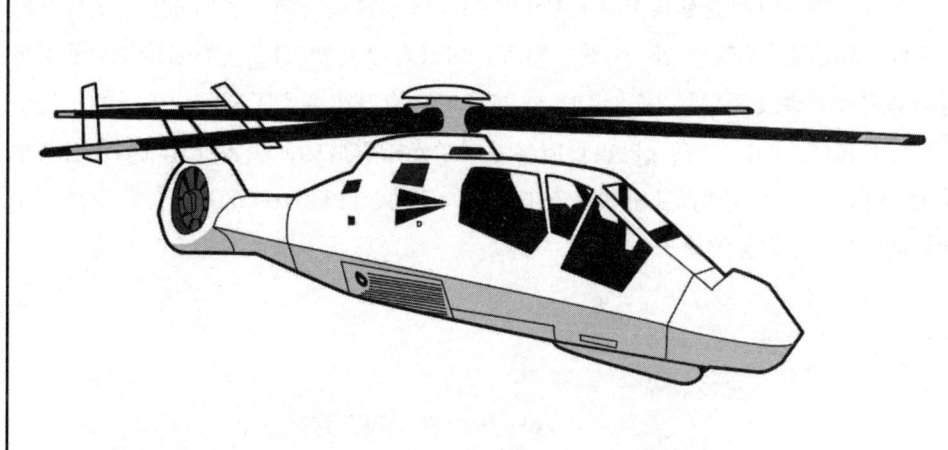

OH-58"基奥瓦"侦察直升机

OH-58"基奥瓦"直升机是美国贝尔公司研制的一个侦察直升机家族。20世纪60年代初,美国贝尔公司研究出了"基奥瓦"系列的原型机206型直升机以满足军方关于轻型侦察直升机的要求。206的改进型206A被海军选中作为教练机,于1966年10月首飞。1968年206A作为第二代轻型侦察直升机被海军看中,军方代号为OH-58A,并且于1969年向军方交付了2200架。随后,OH-58"基奥瓦"直升机立即被部署到了越南战场上,主要用作轻型侦察直升机和情报支援。越南战争中,OH-58"基奥瓦"直升机的轻便灵活为美军提供的情报和部分火力支援深受军方重视。

越南战争结束后,为适应新的情况,美国陆军对轻型侦察直升机提出了更高的要求,20世纪70年代末,贝尔公司将OH-58系列直升机改进后增强了侦察和火力支援能力,参与军方招标中被美陆军选中,序列号命名为OH-58D,绰号则定为"基奥瓦勇士"。"基奥瓦勇士"搭载了更加先进的侦察装备和更强有力的武器,使用范围得到了扩展,可以单独执行战术侦察任务,也可协同专用武装直升机作战,或为地面炮兵提供侦察、校炮的工作。

在海湾战争中,美军共派出了130架OH-58前往波斯湾,多次摧毁了伊拉克沿海目标,如钻油平台、快艇、海防工事等。1991年2月20日,美军对伊拉克的军事行动即将大规模展开之际,2架OH-58指挥武装直升机袭击了离前线不远的一处伊拉克综合掩体。OH-58直升机负责侦察并用激光指引目标,武装直升机则发射"地狱火"导弹。这次多种直升机联合攻击行动的成功,使得OH-58被更加广泛地用于针对掩体和战术目标的攻击作战。

AH-64"阿帕奇"直升机

AH-64"阿帕奇"直升机是美国麦克唐纳·道格拉斯飞机公司研制的一款武装直升机,是如今美军的主力武装直升机。该机配备了先进的航空电子设备,能够在夜间和恶劣气候条件下作战。

OH-58A	可以容纳两位驾驶员，但设计中左边的仪表板被移除，当成单纯的观测员座
OH-58B	OH-58A 的外销版本
OH-58C	加装了更强的发动机，同时是美军第一款安装了 AN/APR-39 雷达探测器的直升机
OH-58D	传动装置和发动机升级加强了动力，机顶安装了新的主瞄准器、电视摄影系统、感热影像系统、激光测距指示仪等装置

OH-58" 基奥瓦勇士 "

乘员： 2 人

机长： 12.39 米

旋翼直径： 10.67 米

机高： 2.29 米

最大速度： 222 千米 / 时

实用升限： 6250 米

056 预警机是怎样的作战飞机

预警机最初是指装有机载监视雷达、用于探测低空飞行目标的特种军用飞机。现代预警机除了装备先进的机载监视雷达之外，通常还装有电子侦察、敌我识别、通信、导航、指挥控制、雷达对抗和通信对抗等多种电子装备，不仅能及早发现和监视从各个空域入侵的空中和海面目标，还能对己方战斗机和其他防空武器系统进行引导和控制。

现代预警机系统主要由任务系统和载机两大部分组成。其中，任务系统是指完成作战功能的各种软硬件的集合，包括获取特定信息的传感器、用于支持信息传送的各种通信链路和用于信息处理的各种电子设备。

典型的现代预警机系统组成主要有：机载预警雷达系统，在预警机系统中，机载预警雷达是核心设备，其探测对象一般为在不同高度上飞行的航空器目标和水面舰船等。在对航空器目标进行探测时，预警雷达一般采用脉冲多普勒技术来抑制空中雷达下视所面临的强烈地、海杂波，并对航空器目标进行速度测量（利用航空器目标回波和杂波在频域内的不同特征）。在探测水面舰船等目标时，则采用普通脉冲方式，利用的是水面舰船通常有较大的雷达后向散射截面，其回波通常强于海杂波，可以在时域内进行检测的特点。

此外，现代预警系统还包括地面配套的任务规划系统、地面通信站和专用场站设备等，用来进行任务准备、作战数据回放和分析、建立空地情报通道以及为预警机提供专门的电力、冷却和空调等地面勤务支持。

第二次世界大战结束后，经过70年的发展，现代预警机已经经历了3代，21世纪前10年初期开始发展的第3代预警机在具备"网络化、多元化、一体化"的技术特征同时，已经形成了基于预警机为核心的信息化空中战役体系，将在未来战争中发挥巨大威力。

各国预警机

国家	预警机
美国	E-2"鹰眼"、E-3"哨兵"、P-3"猎户座"
俄罗斯	A-50"支柱"、卡-31
以色列	湾流 G500
瑞典	萨博340、萨博2000

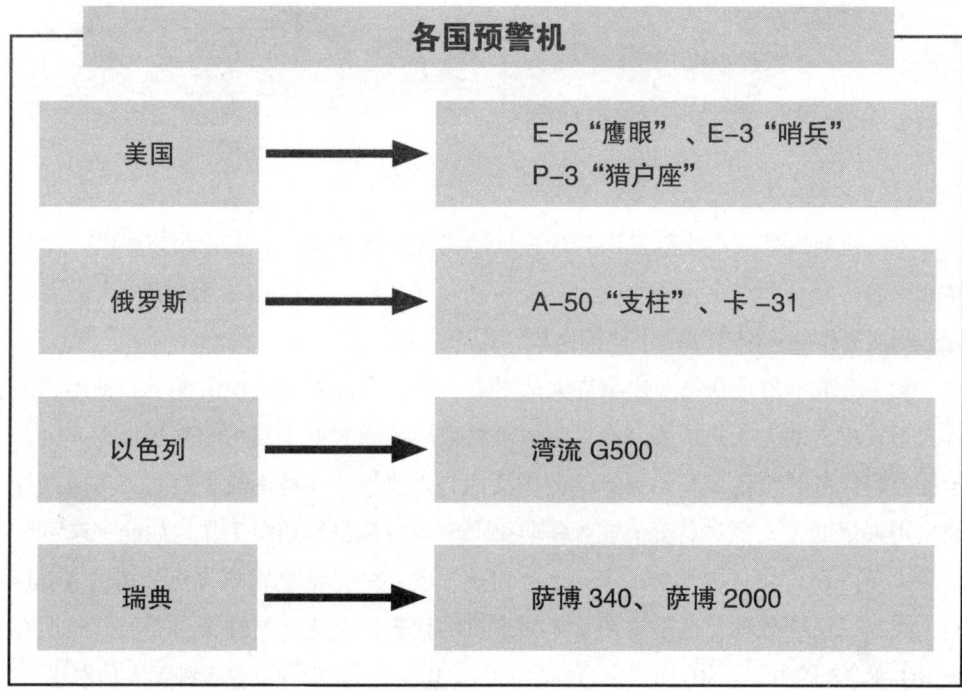

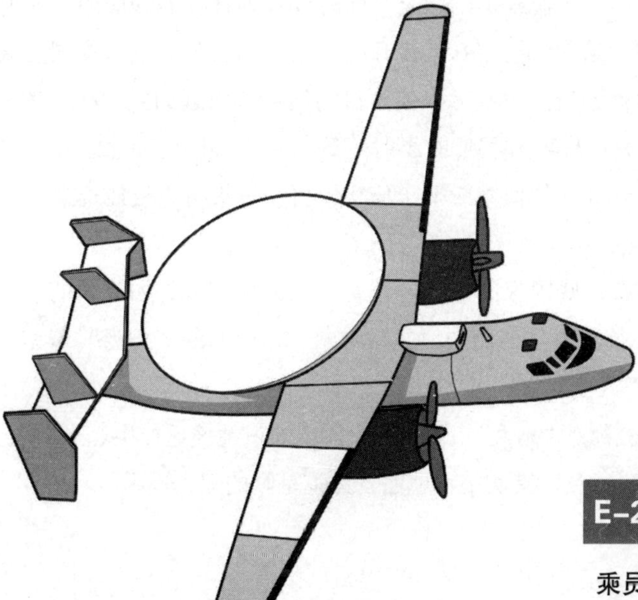

E-2"鹰眼"预警机

乘员：5 人

机长：17.60 米

翼展：24.56 米

机高：5.58 米

最大速度：648 千米 / 时

无人侦察机真的不需要人吗

无人侦察机是侦察作战发展到现代以后出现的新装备，它有着和侦察机一样的作战用途，但是无需飞行员驾驶，只要通过远程操控平台控制飞行就能深入敌方区域进行侦察作战，减少了由于侦察作战导致的人员损失。

无人机最早出现在第一次世界大战之后，第二次世界大战中出现了一种用于进行自杀式攻击的无人机。第二次世界大战结束后，随着电子技术的进步，无人机在担任侦察任务的角色上开始展露他的灵活性与重要性。在越南战争期间，美国就曾经使用大量的无人机对高价值或是防御严密的目标进行侦察工作，如此一来可以减少人员的伤亡或是被俘虏的风险。当时美军使用的是泰勒雷恩飞机公司的AGM-34"火蜂"遥控载具，这是早期无人侦察机的代表产品之一。如今，美国已经拥有了RQ-4"全球鹰"、MQ-8"火力侦察兵"、MQ-9"收割者"等多种无人侦察机。

以色列是另一个较早使用无人侦察机的国家，同时以色列在发展和应用无人侦察机方面也走在了世界前列。从20世界70年代开始，以色列已独立或与美国、瑞士等国合作发展了三代无人侦察机。这些无人侦察机的活动范围近的约100千米，远的可达1000千米，续航时间从4小时到40小时不等，装载不同的侦察设备，可执行照相侦察、电视侦察、红外成像侦察或电子侦察，所获情报可直接或通过无线电中继实时传回地面指挥中心。

除美国、以色列外，还有一些国家的军队也装备有无人侦察机。如英国的"不死鸟"、俄罗斯的图-243、德法合作研制的"布雷维尔"、南非的"秃鹰"等无人侦察机和加拿大的CL-227无人侦察直升机。

这些无人侦察机虽然都被称作"无人"，但实际上需要通过地面遥控中心来操纵。也就是说，无人侦察机的"飞行员"其实是在地面，并不是真的无人操纵。

无人攻击机

无人攻击机在外形和无人侦察机非常相似，大多数无人攻击机既能担任无人侦察机的角色，同时也能携带导弹等武器，在侦察到目标后直接进行攻击。

美国MQ-9"收割者"无人侦察机

| 机长：17.60米 |
| 翼展：24.56米 |
| 机高：5.58米 |
| 空重：2223千克 |
| 传感器：AN/APY-8 Lynx II 雷达 MTS-B 多频谱瞄准系统 |

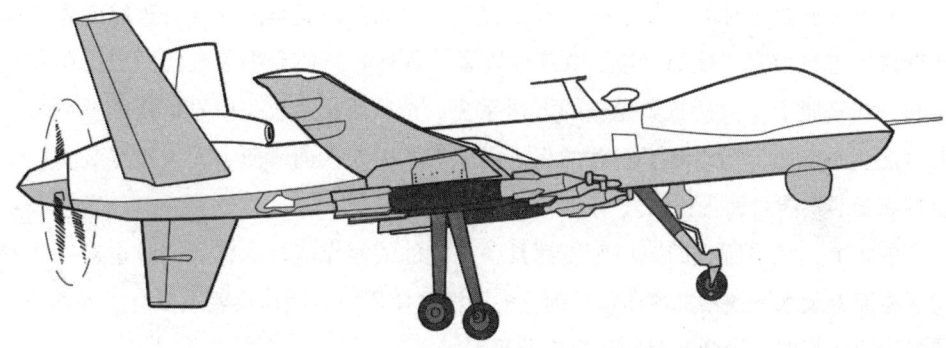

美国RQ-4"全球鹰"侦察机地面遥控中心

侦察舰艇与作战舰艇区别大吗(1)

侦察舰艇是搭载了多种侦察装备（包括雷达侦察装备、光学侦察装备、电子侦察装备、水声侦察装备）进行海上综合侦察作战的大型侦察平台。侦察舰艇具有立体式侦察能力，能够获取敌方水面舰艇、潜艇、飞机等目标的情报，为海上作战提供情报保障。

由于海上作战时需要侦察的区域比较大，因此侦察舰艇需要具备远航能力并能抵近目标进行侦察。从20世纪70年代以来，各种高新侦察手段被广泛地应用在水面舰艇和潜艇上，包括各类先进的雷达系统、光学侦察系统、信号情报侦察系统、水声探测系统等，还出现了舰载的无人潜航器、无人水面舰艇、无人机等装备，使侦察舰艇侦察能力大为提高。

事实上，几乎所有的军用舰艇都具备一定的侦察作战能力，但同时也有一些专门从事海上及水下侦察的舰艇。目前，各国海军使用的专用侦察船主要有三种类型：信号情报侦察船、导弹测量船和海洋监视船。

信号情报侦察船是专门从事海上无线电侦察的舰船，主要用于搜集敌对国家的情报，是军队获取战略性情报的重要途径。信号侦察船本身强调侦察能力，作战武器方面的配置比较弱，加上为了降低被敌人发现的概率，信号情报侦察船往往是单独行动，因此很容易在战时遭到攻击。许多信号情报侦察船都以渔船、科考船的形式来伪装，以便在公海或其他国家领海进行侦察活动。

导弹跟踪测量船的任务是跟踪和测量敌方各种弹道导弹的数据，从而得到起飞弹道、飞行速度、射程、落点等参数，搜集到弹道导弹的战略情报。由于导弹跟踪测量船执行的是导弹测量任务，必须有较高的定位精度，故装备有完善的导航设备，除了一般海船装备的光学导航设备、惯性导航设备、无线电导航设备外，还装备有卫星导航设备、声呐信标导航设备，由此可以精确确定船位，保证导弹测量精度。测量船上的遥测系统使用的是性能优良的雷达系统，它由发射机、接收机、巨型抛物面天线和测距装置组成，它的工作距离可达数千到数万海里，能连续跟踪飞行中的导弹。遥测系统中的巨型抛物面天线用来接收空间飞行的导弹发出的数据信号，遥测系统能及时记录接收到的遥测数据，并转发给地面指挥中心。

侦察舰艇有着其他平台不具备的优势,能够对天空、水面、水下进行立体监视

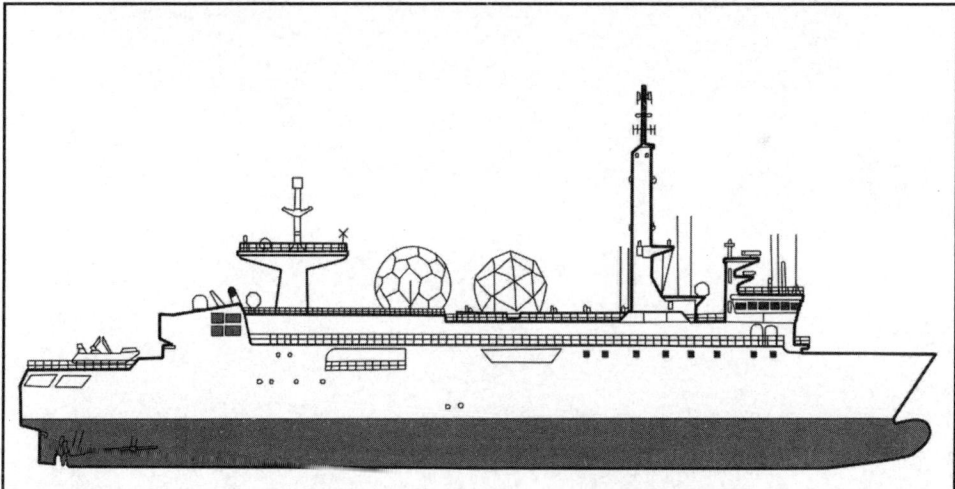

法国的"迪皮伊·德·洛梅"号信号情报侦察船,上层建筑很有特色,汇集了各种天线和多部雷达,尤其是主桅杆后的两个球形卫星侦听天线,令它成了真正的"顺风耳"

侦察舰艇与作战舰艇区别大吗(2)

海洋监视船是从20世纪80年代中期开始发展起来的一种新型军用辅助船只，主要任务是采用拖曳式声呐扩大和改善海军对海洋水声监视的能力，使海军的监视覆盖区域延伸到水下监视系统测量不到的海域。为了确保对海洋的监视能力，这类船上专门搭载了战略级的水声监视与探测系统的水上运动平台，一般搭载有战略级的超大规模的被动或主被动线列阵声呐，以极低的频率对潜艇进行探测和跟踪，可以通过舰载处理站进行处理，同时可以实时通过卫星通信与指挥中心通信。海洋监视船在反潜体系中可以用于源头监视和持续跟踪，是体系反潜的重要组成，与岸基体系类似也是大国全面反潜体系和小国局部反潜体系的标志性区别之一。

在21世纪初爆发的几次局部战争中，侦察舰艇已经成为信息化海上战争的主要组成部分，所提供的信息和情报往往能涉及到战争全局。在未来的海战中，侦察舰艇将愈发得到重视，成为取得海战乃至整个战争胜利的关键。

隐身军舰

由于侦察舰艇的侦察能力日益强大，军舰也不得不开始采用隐身技术来躲避敌方侦察，目前世界上许多国家都已经开始了隐身军舰的研制，其中一些已经投入现役。

"观察岛"号弹道导弹观测舰,为美国军事海运司令部属下的弹道导弹观测舰,船上安装的雷达为 AN/SPQ-11 雷达

"无暇"号海洋监视船,隶属美国海军,主要任务就是搜索并监视潜艇威胁,使用拖曳式感应监视听音系统被动及主动低频声呐阵列收集水下声学数据、通过电子设备处理并提供快速反潜作战信息的传输,利用卫星向海军提供评价和分析

059 装甲侦察车有哪些用途

虽然以侦察机为代表的空中侦察平台和以侦察舰艇为代表的海上侦察平台通常被认为是侦察作战的主要力量,但是,能够跟随作战部队移动的地面侦察系统的实际使用范围更广泛,尤其是装甲侦察车。

装甲侦察车是一种具有高机动性和一定的火力攻击能力、防护能力的作战车辆,主要用于战术侦察。虽然侦察机也能执行类似的任务,但装甲侦察车的灵活性更高,执行的任务类型也更加广泛,例如为战场上运动的大部队随时探查周围敌情;作为与友邻部队联系的中转站;探测战场上的障碍物和雷区等。

最早将专门设计的装甲侦察车用于战场的是20世纪30年代的德军,第二次世界大战爆发以后,英、美等国也相继开始使用装甲侦察车。20世纪50年代,出现了以苏联BMP-1和BMP-2步兵战车、法国EBR75侦察车、英国"弗莱彻"MK2/3型侦察车以及美国的M114型侦察车为代表的专用装甲侦察车。

现代装甲侦察车大体分为两种:履带式和轮式。履带式装甲侦察车具有较高的越野性能和机动性能,通过松软路面、山地、沟渠的能力强,不过履带推进装置本身重量重、噪声大、寿命短、维护费用比较昂贵,对路面的破坏程度也高。轮式装甲侦察车在公路等路况较好的路面上行驶时速度更快、油耗也低,加上维修简单、乘坐舒适,已经逐渐成为装甲侦察车的主流。轮式装甲侦察车的缺点在于越野能力和承载能力不如履带式。

目前,装甲侦察车已经从最初简单的军用车辆发展到了具有三防装置的多用途车辆。许多装甲侦察车不仅能用于侦察常规战场的情况,还能深入到放射区对放射性物质进行探测,并测定地面、水源等污染情况,而成员则能安全地在车内完成各种任务。

三防装置有什么用

所谓三防装置,是防护核、化学、生物武器袭击的防护装置,主要用途是发现敌人核、化学、生物武器袭击,查明放射性沾染、毒剂、生物战剂的危害范围和程度,进行防护、消毒和消除放射性沾染,使人员免受或减轻伤害。

苏联 BMP-2 步兵战车

全重：14.3 吨

车长：6.72 米

车宽：3.15 米

车高：2.45 米

操作人数：3 名驾驶员，7 名步兵

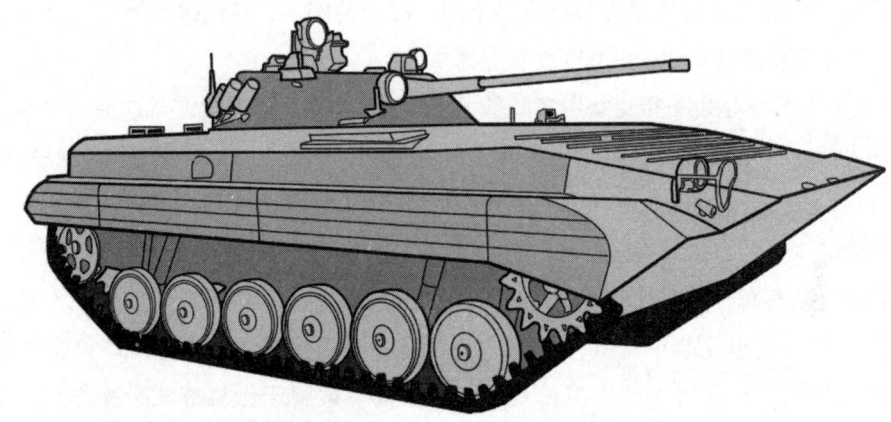

德国"狐"式装甲侦察车

全重：17 吨

车长：6.83 米

车度：2.98 米

车高：2.30 米

操作人数：2 名（车长和驾驶员）

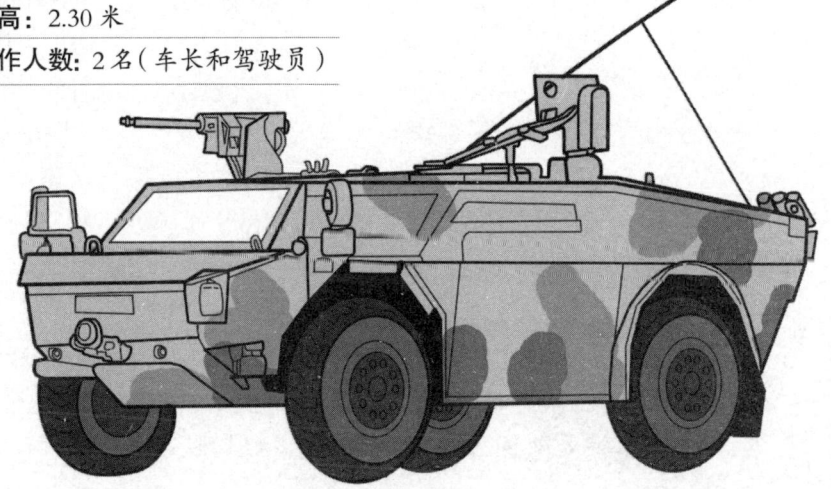

史崔克 M1127 侦察车

史崔克装甲车是美军为了 21 世纪战场设计的轮式多用途装甲车。它可以装载在运输机上，与士兵一起迅速地部署在世界各地。史崔克装甲车拥有众多的型号，各型号搭载的武器装备有所差异，以应对不同的战场情况。在这诸多型号中，有一款专门用于侦察作战的车型——M1127 侦察车。

M1127 侦察车是以史崔克装甲车的基本型号 M1126 步兵战车为基础改造而来的，因此两者除了装备有异外，外形上基本上并无不同。然而，M1127 侦察车是一种比 M1126 步兵战车更多样化的装甲平台，并能将史崔克装甲车的任务执行距离极大化，同时又能减少以人力执行侦察时所需的后勤支援以及被发现的可能。

M1127 侦察车作为是史崔克装甲车系列的装甲侦察车版本，车内安装了大量侦察装备，它也能担任装甲运兵车的角色。因此，在美国陆军中，M1127 侦察车的装备数量比较多。在美军的作战编制中，侦察部队隶属于作战部队指挥部，一支侦察部队通常会含有一支火力支援小队及 3 个侦察排。每个侦察排都会配备 4 辆 M1127，其武装可能为 12.7 毫米 M2HB 重机枪或 40 毫米 Mk 19 自动榴弹发射器；领头的 M1127 除了本身的武装外，还会安装一套远程先进侦搜系统（long range advance scout surveillance system）。当执行侦察任务时，每辆 M1127 都会载运 3 名乘员以及 4 名负责下车搜集情报的侦察队员（若有翻译人员则人数会变为 6 人）。火力支援小组则拥有 4 辆史崔克 M1129 迫击炮车及一辆史崔克 M1130 炮兵指挥车，能够在必要时提供火力支援。

史崔克装甲车族

除了 M1127 侦察车以外，史崔克装甲车族还包括装甲运兵车、机动炮车、指挥车、工兵车、野战急救车、反坦克导弹车、核生化侦测车等多种车型。

史崔克 M1127 侦察车

全重： 18.77 吨

车长： 6.95 米

车宽： 2.72 米

车高： 2.64 米

操作人数： 2 名驾驶员，4 名侦察员

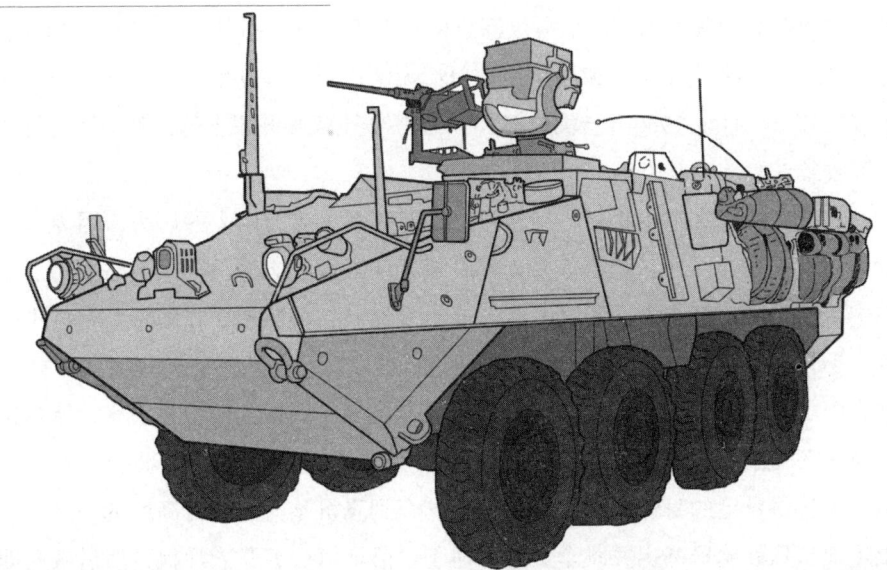

在史崔克装甲车之前，美国陆军的主要侦察作战车辆是 M2 步兵战车

专题:"蛟龙夫人"覆灭记

20世纪50年代初,美苏关系剧降,冷战局面逐渐形成。美情报机关把收集苏联军事情报作为首要任务,U-2高空侦察机被美国作为秘密武器,用来执行间谍飞行任务,侦察苏联和其他国家的后方纵深目标。由于U-2飞机的飞行高度在20 000米以上,高炮、当时的战斗机和导弹等火力都无法达到这一高度,因此该机经常深入其他国家领空。直至1960年5月1日,一架U-2飞机被苏联击落,其间谍飞行活动才逐渐收敛。

U-2侦察机每次进入联领空,苏联防空部队都承受着巨大的压力,因为从领导人赫鲁晓夫到普通民众,所有苏联人都希望抓住入侵者。这次苏联更是关闭了所有的空中交通,一切都是为了能够击落入侵的美国U-2侦察机。在鲍尔斯驾机飞行了大约4小时,苏联人的努力终于得到了回报:苏联防空部队发射的一枚"萨姆-2"导弹击中了U-2侦察机,炸断了飞机的尾翼。随着一团巨大的橙色火光,鲍尔斯感觉到他的飞机经历了一阵剧烈地翻滚,然后开始解体。由于驾驶舱不断地震动摇晃,鲍尔斯无法将自己的身体调整到弹射位置,直到飞机坠落到飞行高度的一半时,他才艰难地从驾驶舱里逃出并跳伞。鲍尔斯刚一落地就被苏联人活捉,然后被立即送往莫斯科。

毫无疑问,鲍尔斯不可能按计划到达目的地了。当有关消息传到华盛顿,美国政府内部一片恐慌。但中央情报局局长艾伦·杜勒斯以及负责U-2侦察机项目的副局长理查德·比斯尔设法让艾森豪威尔总统相信:U-2侦察机从20 000米的高度被击落后,没有一名飞行员能够生还。

1960年5月7日,苏联领导人赫鲁晓夫宣布他拥有美国间谍飞机入侵苏联的确凿证据,并且活捉了美国飞行员,这让华盛顿目瞪口呆。这次事件后,U-2的间谍飞行活动才逐渐收敛。

第五章
侦察技术的发展

061 雷达技术

"雷达"是英文 Radar 的音译（Radio Detection And Ranging，无线电侦测和定距的缩写），它是利用电磁波进行目标探测，并测定目标位置、速度和有关参数的军、民、科技用电子设备。

雷达发射电磁波对目标进行照射，并利用目标对电磁波的反射接收其回波、转发和自身辐射来发现目标，并从接收信号中提取目标的位置、速度、形状和旋转等参数，由此获得目标至雷达的距离、距离变化率（径向速度）、方位、高度等信息。优点是白天黑夜均能检测到远距离的较小目标，不为雾、云和雨所阻挡。

雷达诞生时间不长，它是伴随人类开始利用电磁波传送信号而发展起来的。电磁波会被金属物反射回来，就像用镜子可以反射光线一样。这个原理早在 1887 年，赫兹（1857-1894）在验证电磁波的存在时就已发现，他测算电磁波的速度就是利用电磁波的反射特性。当时他在一间长 15 米、宽 14 米、高 6 米的教室的一面墙上安装了 4 米 × 2 米的锌板，在距锌板 13 米处发射电磁波，利用锌板反射回来的电磁波，测出电磁波的速度。这整个程序已包含了雷达的工作原理，但当时赫兹一点都没有想到，可以用电磁波可被反射的特性来制造雷达。

雷达在军事上广泛使用，是由于第二次世界大战前英国急需一种能探测空中金属物体的雷达（技术），能在反空袭战中帮助搜寻德国飞机。第二次世界大战期间，雷达就已经出现了地空、空地（搜索）轰炸、空空（截击）火控、敌我识别功能的雷达技术。

现代雷达的应用极为广泛，不仅作为武器装备应用于军事，成为目标搜索、跟踪、测量和武器引导、控制以及敌我识别等不可缺少的设备，而且在民用和科学研究方面也有十分重要的作用，如机场和海港的管理、空中交通管制、天气预报、导航及天文研究等都需要使用雷达。

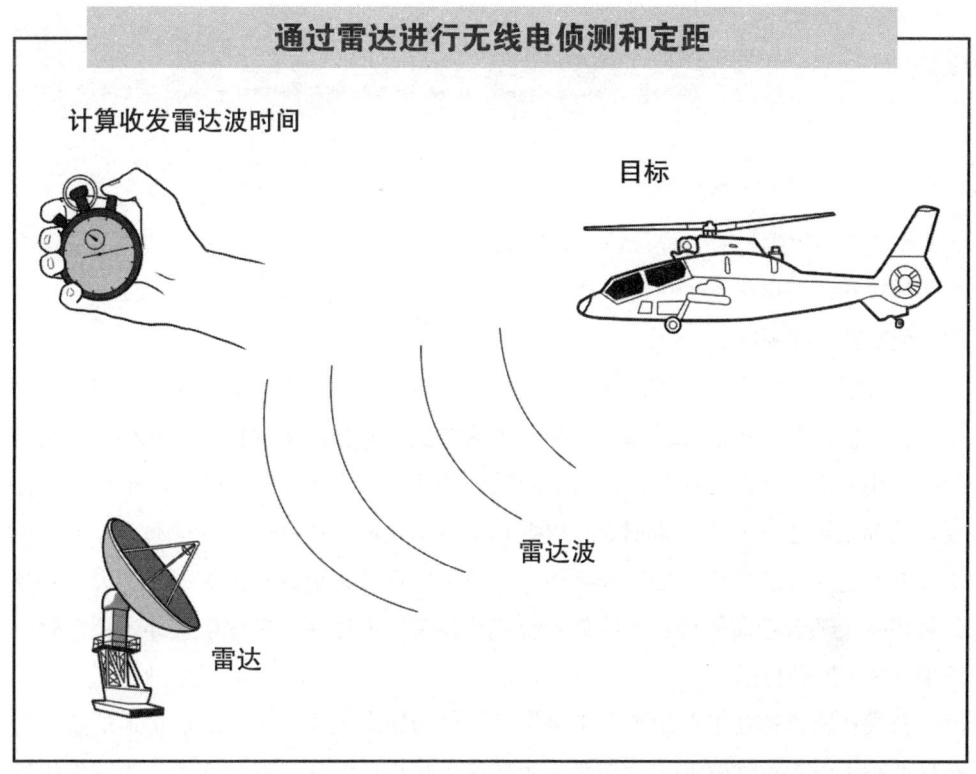

通过雷达进行无线电侦测和定距

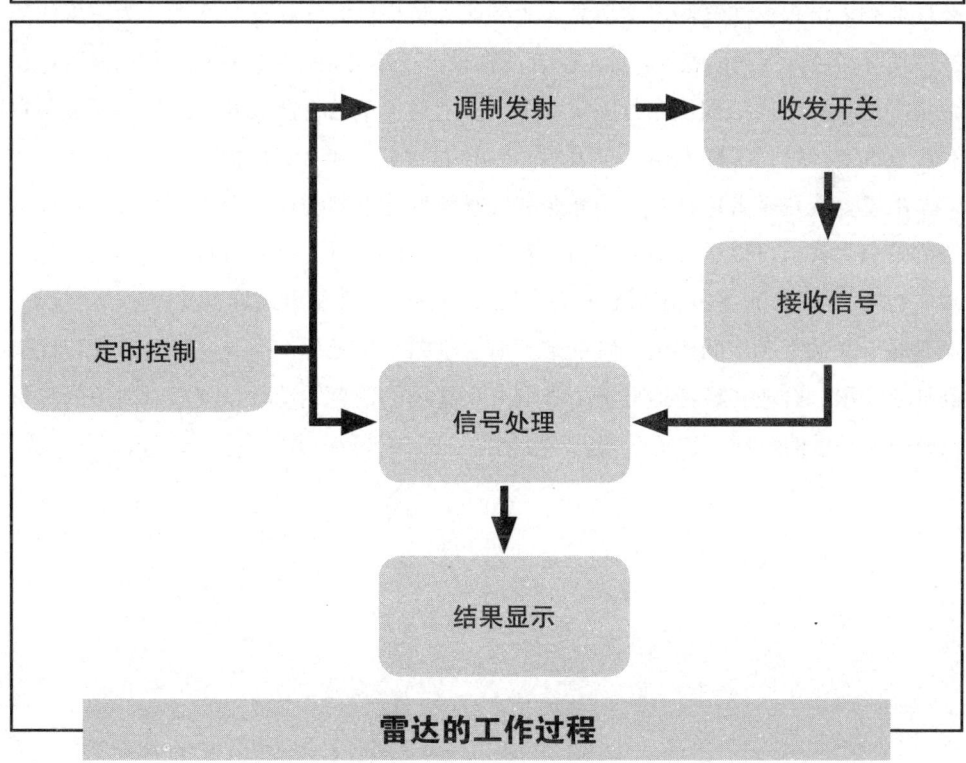

雷达的工作过程

什么是合成孔径雷达

合成孔径雷达（Synthetic Aperture Radar，SAR）是一种高分辨机载或星载成像雷达，可以在能见度极低的气象条件下得到类似光学照相的高分辨雷达图像，广泛应用于侦察和遥感领域。

一般雷达在恶劣天气下，必须多次成像才能采集到图像，而合成孔径雷达则是一种全天候高分辨率成像雷达，它利用雷达与目标的相对运动把尺寸较小的真实天线孔径用数据处理的方法合成较大的等效天线孔径。合成孔径雷达分非聚焦合成孔径雷达和全聚焦合成孔径雷达。合成孔径雷达全天候工作性能十分优秀，能够昼夜工作并且能够穿透尘埃、烟雾和其他一些障碍，还具备更远距离的工作能力，并且分辨率不会随着距离的增加而降低。合成孔径雷达能够在一定程度上穿透掩盖物，识别伪装和隐蔽目标。

合成孔径雷达技术应用范围十分广泛，可为地质工作者提供地形构造信息，为环境监测人员提供油气和水文信息，为导航人员提供海洋状况分布图，为军事作战提供侦察和目标探测信息等。此外，合成孔径雷达还可用于太空探测，如探测月球、金星等行星的地质结构。在各国空军中，特别是美军已将合成孔径雷达广泛装备在军用飞机上，如U-2和SR-71侦察机、F-15战斗机、B-2轰炸机等。

由于合成孔径雷达具有不受光照和气候条件等限制实现全天时、全天候对地观测的特点，甚至可以透过地表或植被获取其掩盖的信息。这些特点使其在农、林、水或地质、自然灾害等民用领域具有广泛的应用前景，在军事领域更具有独特的优势。尤其是未来的战场空间将由传统的陆、海、空向太空延伸，作为一种具有独特优势的侦察手段，合成孔径雷达卫星为夺取未来战场的信息主动权，甚至对战争的胜负具有举足轻重的影响。

合成孔径雷达 VS 一般雷达

成像分辨率	高	低
穿透能力	强	弱
全天候能力	强	弱

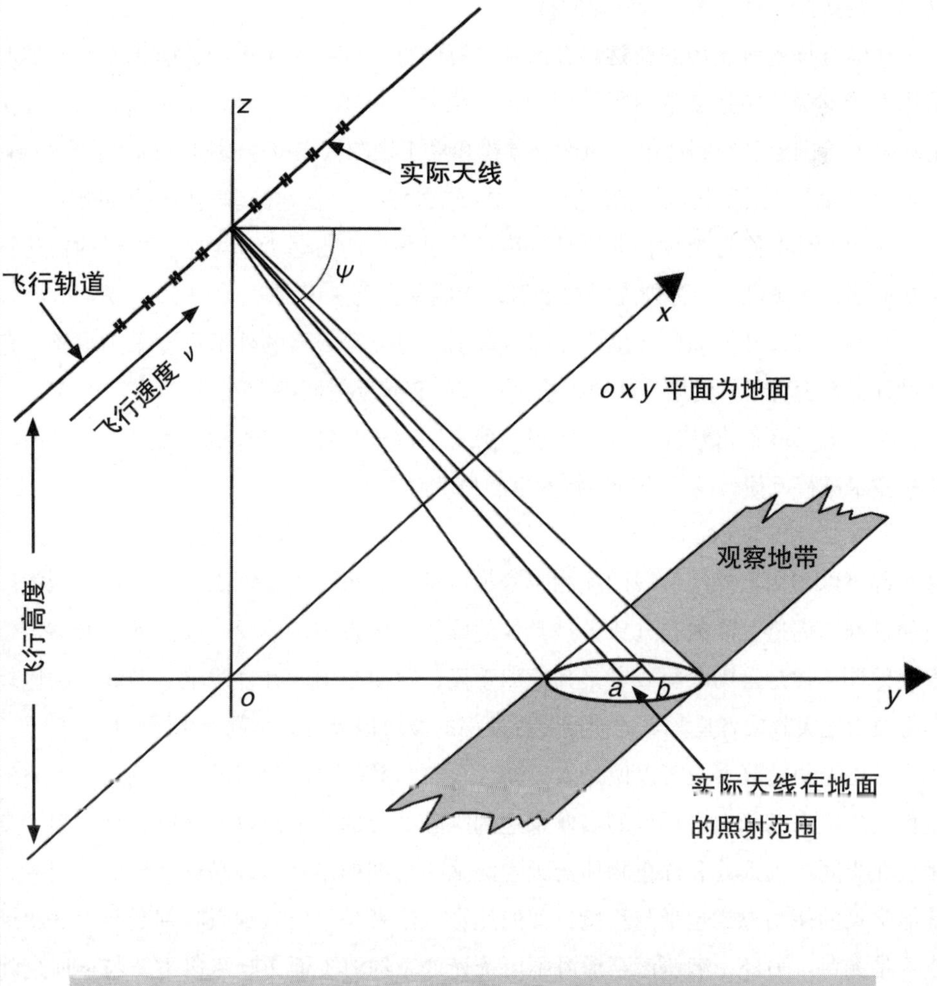

合成孔径雷达工作的几何关系图

隐身技术是针对雷达的吗(1)

隐身技术是"低可侦测性技术"的俗称，这种技术，是通过特殊设计、表面材质或装置，降低物体被侦测到的机会或缩短其可被侦测距离的科技。目前，这一技术主要应用在军事用途，通过降低自方武器装备等目标物的信号特征，使对方难以发现、识别、追踪及攻击，从而提高自方战略或战术目标的达成率，以及战场存活率。

可以说，隐身技术是传统伪装的延伸和高级发展，是用新的材料、新的设计和其他一些新技术对雷达进行欺骗的技术。

在隐身技术所使用的新材料方面主要有两种。一种是用于制造航天航空武器时采用的能够吸收雷达波的材料，例如碳纤维复合材料。另一种是伪装涂料，现在美国和日本等国家已经制造出了用铁氧体粉和氯丁橡胶等高分子材料合成的混合涂料，其表面再加上一层塑料或树脂涂层，形成可塑性表面，雷达波碰到后会被分解。

遇到这样的隐身技术，即便是号称"千里眼"的雷达无计可施，发射的雷达波会在遭遇目标飞机、导弹外壳时被抵消，造成雷达无法识别。

此外，在设计方面，飞机、导弹、舰艇、坦克等武器的外形可以采用平整的角度设计，减少直角的使用，从而缩小雷达波的有效反射面积。

除了通过降低雷达反射波来实现"隐身"以外，针对红外线、可见光、声波等侦察技术进行反侦察的"隐身"技术也屡见不鲜。

机械或者是电子装置在运作的时候都会产生废热，人体本身也会散发能量出来，这些都可以利用红外线波段的侦测装置加以搜集。目前主要的控制方式包括两类：一种是利用周遭较冷的空气或者是其他的媒体吸收发出的热量，减低散发的信号强度。另外一种是采用涂料或者是其他的手段，改变产生的红外线讯号的波段到比较容易被大气吸收或者是常见的侦测装置使用的波段以外，以达到遮蔽讯号的目的。

可见光的隐蔽手段可以说是人类向大自然与其他物种学习的一个例子，由其他生物与生俱来的能力中得到的启发来达到隐蔽的目的。最简单的手段就是利用人类无法在夜间看到远处和深色物体的天生缺陷（早期的隐身术即是该技术的运用），其他常见的使用方式包括与环境类似的迷彩，或者是可以欺骗眼睛判断能力的图形或者是颜色。另外，潜艇潜至深海不可透光处（约海平面200米以下）与早期夜间战斗机在视野差的黑夜里作战也是该技术的运用。未来的研究方向是将自身周遭的光线

以飞机为例,不同的外形会产生不同的反射波,侦察一方根据反射波往往可以确定出飞机的类型、型号等信息

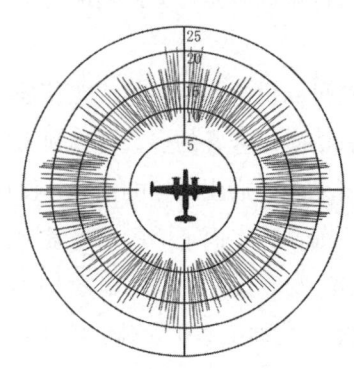
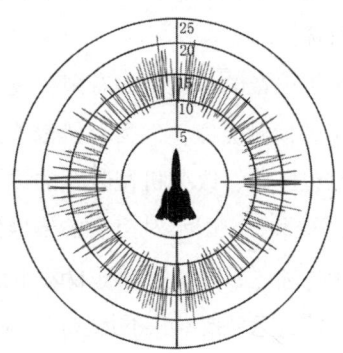

F-117 战斗攻击机

除了使用新材料、新涂料降低吸收雷达波以外,对武器外形的特殊设计以实现隐身是现在大多数隐身武器都采用的技术

063 隐身技术是针对雷达的吗(2)

加以折射，类似改变雷达波反射方向的概念，使得肉眼或者是可见光侦测装置无法看到目标。

虽然声音的传递距离有限，效果不佳，但是这可以说是各种生物，尤其是动物都具备的侦测能力，人类自然也不例外。降低声音的手段非常的多，譬如利用软性材料加以吸收，改变机械装置的设计减少摩擦或者是碰撞产生的音响信号，使用混合动力技术等。因水对声音的传导性极佳，因此目前监控水面下潜艇的最常用方法便是用声呐，所以军用潜艇的设计非常重视降低噪声。

因此，隐身技术并不是仅仅针对雷达，而视侦察手段而定，通常对于隐身飞机、隐身坦克这样的武器而言，能够同时具备针对多种侦察手段的隐身能力无疑是更好的。

F-117战斗攻击机

F-117战斗攻击机，绰号"夜鹰"，是美国空军的一种隐身战斗攻击机。其外形的设计已不能仅从常规气动力（如升力和阻力）角度来考虑，而必须把外形与隐身联系起来，尽可能做到二者统一，因此造型十分奇特。

红外线能够利用目标不同位置散发的不同热量形成热像

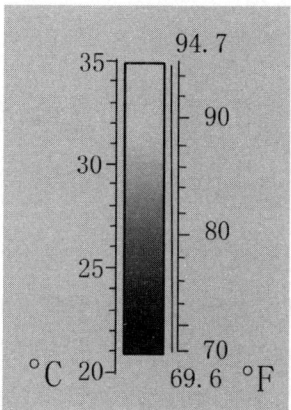

对可见光的隐身技术以军队中常见的迷彩为代表，比如士兵的迷彩服或者涂装了迷彩的坦克

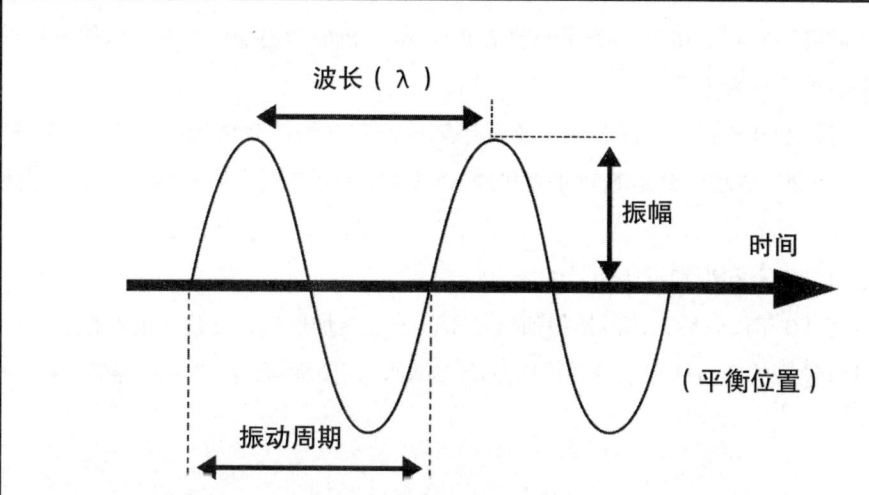

虽然声波不能像雷达或者红外线那样准确地侦察到敌方武器的外形、型号等数据，但也能根据波长、振动周期、振幅、时间等数据计算出距离、速度等必要的信息

信号情报侦察技术

所谓信号情报侦察技术，是随着各种无线电技术的产生而产生的。这一侦察技术最初是被应用于海战中。美国、日本等国家是最早使用信号情报侦察技术进行侦察的国家。

1904年，日本和沙皇俄国之间爆发了战争。在这次战争中，双方海军曾于对马海峡进行了一场大海战。日方利用无线电侦察的手段，持续对俄国舰队进行监视，并以侦察船、上船打探情报，直接通过电报将情报发回。最终，在了解了俄国舰队的航行路线和作战计划之后，日本联合舰队成功伏击了俄国舰队，大获全胜。

在这之后，利用无线电技术进行信号情报侦察受到各国海军的重视，在之后的三四十年当中，利用无线电技术截获对方电报、窃听对方通话成为信号情报侦察的主要手段。最为典型战例是发生在第二次世界大战中。1943年4月14日，美军截获并解密了日军的重要无线电信号，从而获取了包含日本联合舰队司令山本五十六行程详细资讯的电文，包括到达时间、离埠时间和相关地点以及山本即将搭乘的飞机型号和护航阵容。4月18日，美军的数架P-38战斗机成功击落山本五十六的座机，成为影响战局的重要事件。

到20世纪50年代，美国开始实验利用舰载侦察系统拦截陆基目标信号。20世纪60年代初期，成功研制出舰载和艇载的AN/WLR-1H(V)电子侦察系统。这一系统最初只是一个雷达信号检测装备，经过几十年的不断改进，发展出了一系列型号，并具备了自动搜索和识别雷达信号的能力。

20世纪80年代以后，信号情报侦察技术的发展更加迅速，出现了能够截收导弹信号并进行预警的新型侦测预警系统以及能够迅速确定远距离电台位置的测向系统。

日俄战争

1904年到1905年间，日本与沙俄为了争夺中国辽东半岛和朝鲜半岛的控制权，在中国东北的土地上进行了一场帝国主义列强之间战争。这次战争以沙俄的失败而告终。

信号情报侦察技术的应用过程

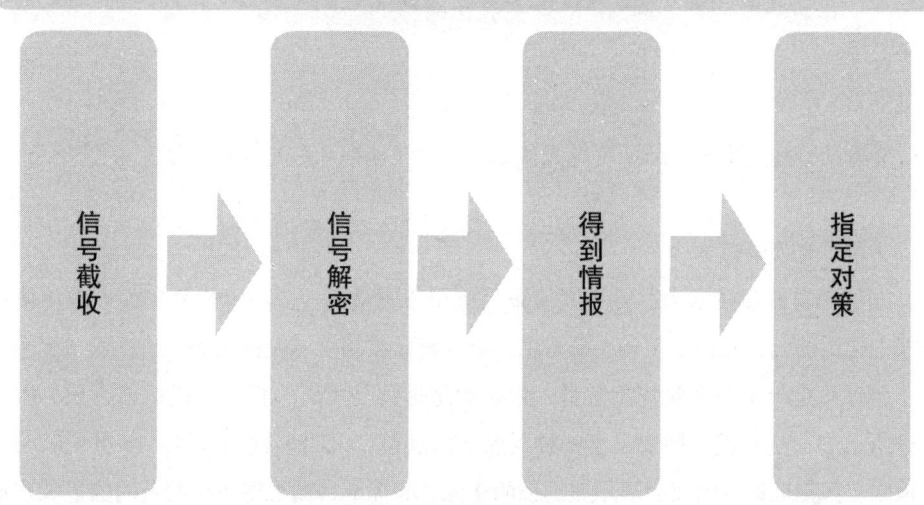

信号截收 → 信号解密 → 得到情报 → 指定对策

对马海战示意图

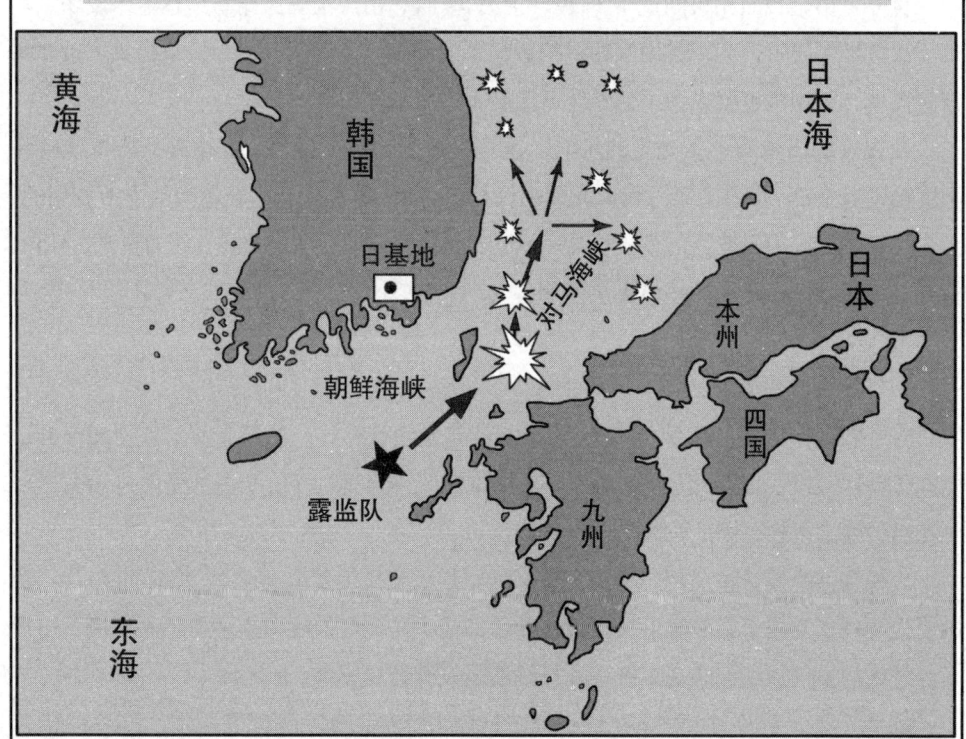

对马海战是最早将信号情报侦察技术投入实战的例子。日本联合舰队在无线电方面的优势令俄国舰队的决战计划付诸东流

光电侦察技术（1）

光电侦察技术主要包括了可见光侦察、红外线侦察和激光侦察等技术。

·可见光侦察技术

在这三类侦察技术中，可见光侦察是应用历史最久、应用范围最广的。现代侦察作战中常用的可见光侦察装备主要有望远镜、光学照相机、夜视仪等。

望远镜是最早的光学侦察装备，最初的望远镜是单筒的折射望远镜，后来牛顿对其进行了进一步改进，制造出了一种反射式望远镜，也叫牛顿望远镜。19世纪末时，棱镜式双筒望远镜逐渐成为军用望远镜的主流，它能够帮助观察者在隐蔽的位置观察超视距目标，在第一次世界大战期间被广泛应用于堑壕战，此后也一直被大量采用。

世界上第一台照相机问世于1839年8月19日，由法国画家路易·达盖尔发明。在第一次世界大战中，英军曾用照相机拍摄德军的部署和调动情况，为反攻提供了重要情报。此后，照相机也就成为了侦察装备中必不可少的一员。

夜视仪的出现源于微光管的发明，这是一种图像增强器件，在微光条件下能够将亮度增强数十倍。世界上第一代微光夜视仪是20世纪60年代美军在越南战争中使用的，至今已经成为应用最广泛的夜视仪器。不过这类装置需要微弱的光源，例如星光、月光、灯光、火光等，在全黑的环境无法使用。

·红外线侦察技术

红外线侦察装备的起源可以追溯到1800年发现红外线。英国天文学家威廉·赫歇尔在1800年发现，随着温度的上升，有一种看不到的辐射，由于这种光的光谱位于可见光谱的红端以外，因此称之为"红外线"。

红外线侦察装备主要用于夜视，最早的红外线也是装备出现于20世纪30年代，德国首先研制出并用于第二次世界大战。此后的几十年，红外线侦察装备不断发展，出现了红外线扫描仪、红外线观察仪、红外线测温仪等装置。

除此之外，红外线雷达的出现令红外线侦察装备的发展更进一步。红外线雷达包括搜索装置、跟踪装置、测距装置以及数据处理和显示系统等，具有搜索、跟踪、测距等多种功能。搜索功能主要是全面侦察空间范围内的目标并确定其坐标位置并对

牛顿望远镜的工作原理

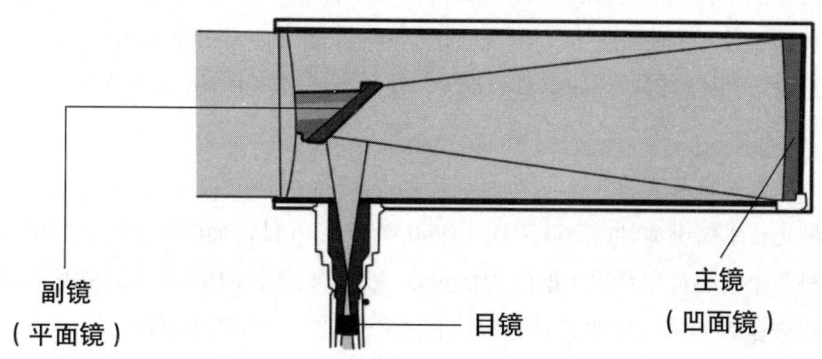

副镜（平面镜）　　目镜　　主镜（凹面镜）

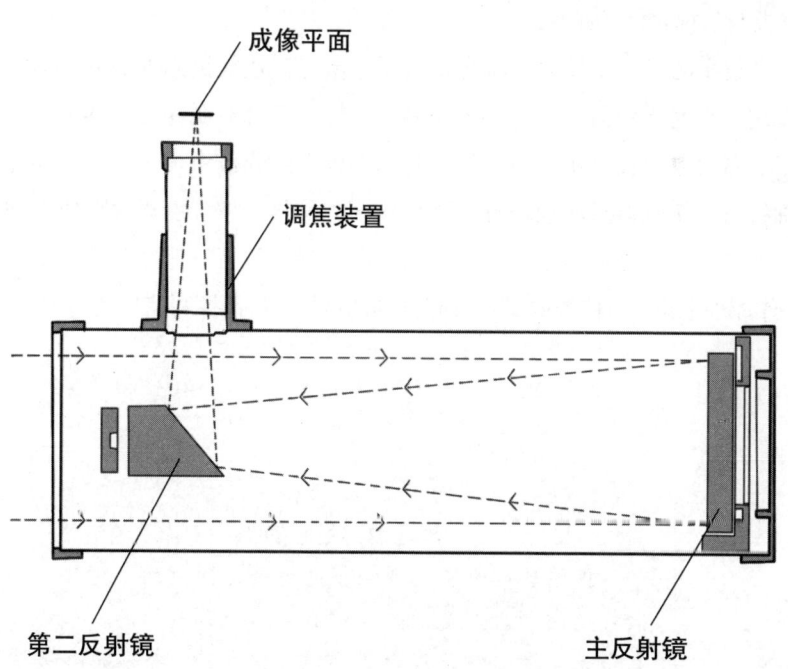

成像平面　　调焦装置　　第二反射镜　　主反射镜

光电侦察技术（2）

其进行鉴别。跟踪功能则是确定目标的精确坐标位置后，同时发出信号跟随目标，实现精确追踪。测距则是结合激光技术，在进行精确追踪的同时用激光装置测量目标的距离。红外线雷达的侦察范围很大，从数十千米到上千千米能实现。

· 激光侦察技术

激光技术始于20世纪60年代。1960年5月16日，美国加利福尼亚州休斯实验室的科学家梅曼宣布获得了波长为0.6943微米（1微米=10^{-6}米）的激光，这是人类有史以来获得的第一束激光。随后，激光开始被广泛应用于科研、医学、工业等多个领域。美国陆军最早将激光用于军事方面，1969年他们便装备了激光测距仪，用于侦察作战。激光测距仪是一种利用激光束测定距离的仪器。其基本原理是，向待测距的物体发射激光脉冲并开始计时，接收到反射光时停止计时。这段时间即可以转换为激光器与目标之间的距离。

随着激光技术的进一步发展，激光指示器、激光雷达等更先进的激光侦察装备陆续投入军用。激光指示器主要用于激光制导，导弹上装有激光接收器上，导弹发射时激光指示器对着目标指示照射，发射后的导弹在激光波束内飞行。当导弹偏离激光波束轴线时，接收器感应偏离方位并形成误差信号，按导引规律形成控制指令来修正导弹的飞行。激光雷达是发射激光束探测目标的位置、速度等特征量的雷达系统。从工作原理上讲，与传统的雷达没有根本的区别，只是探测信号使用的是激光。

望远镜都是圆的吗

我们日常所能见到的望远镜都是圆筒形，镜片也同样是圆形。但是，并非所有望远镜都是圆的，一些大型光学望远镜是用六边形镜片拼成的，整体是多边形结构，还有一些望远镜的镜片采用了球面镜。

红外线雷达搜索装置的工作原理

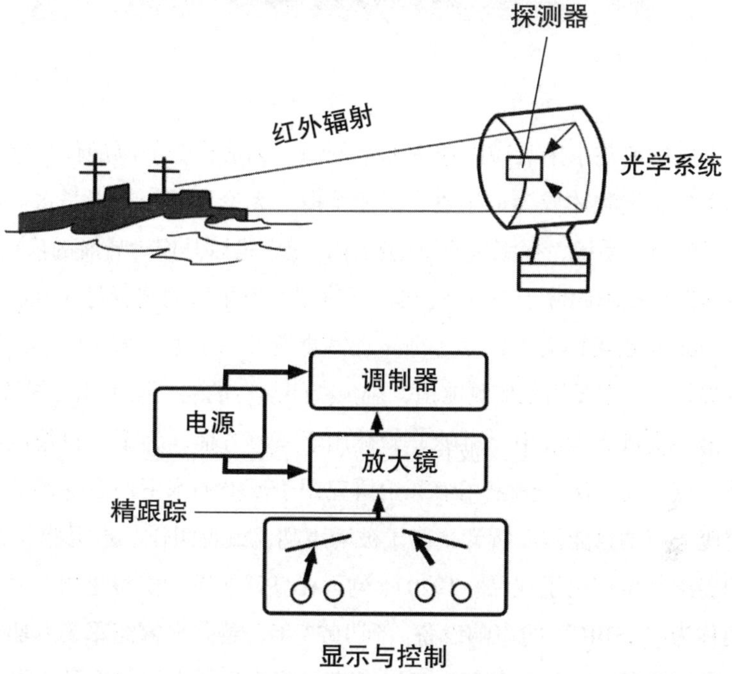

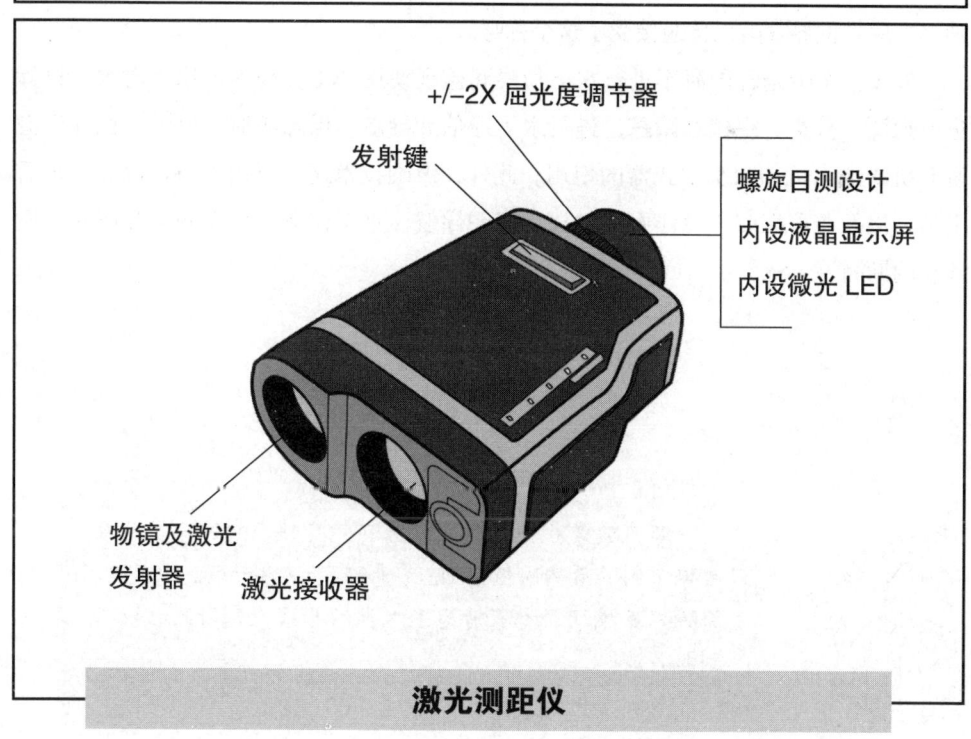

激光测距仪

声学探测技术

由于电磁波在水中衰减的速率非常的高，无法作为侦测的信号来源，以声波探测水面下的人造物体成为运用最广泛的手段。无论是潜艇或者是水面船只，都利用这项技术的衍生系统，探测水底下的物体，或者是以其作为导航的依据。

声学探测技术起源于20世纪初期，典型的声学探测装置是在舰艇上应用广泛的声呐。1906年由英国海军的李维斯·理察森所发明了第一部声呐仪，这是一种被动式的聆听装置，主要用来侦测冰山，避免夜间航行的船只撞上冰山损毁。

在第一次世界大战中，声呐开始被用于军事方面。为了对付德国潜艇对协约国的威胁，英、美、法等国家相继开始研究用于反潜的水下声音探测装置。这类用来侦测潜艇的声呐只能被动听音，属于被动声呐，或者叫作"水听器"。到1918年，英国和美国都生产出了成品。1920年英国在皇家海军"安特里姆"号战列舰上测试了他们称为"ASDIC"的声呐设备。到1923年，英国皇家海军第六驱逐舰支队已经装备了多艘拥有ASDIC的舰艇。1931年美国研究出了类似的装置，称为SONAR（声呐），后来世界各国也普遍接受了这个称呼。

如今，声呐是各国海军进行水下侦察和监视使用的主要技术，用于对水下目标进行探测、分类、定位和跟踪，进行水下通信和导航，保障舰艇、反潜飞机和反潜直升机的战术机动和水中武器的使用。此外，声呐技术还广泛用于鱼雷制导、水雷引信，以及鱼群探测、海洋石油勘探、船舶导航、水下作业、水文测量和海底地质地貌的勘测等。

超声波是指任何声波或振动，其频率超过人类耳朵可以听到的最高阈值20kHz（千赫）。某些动物，如犬只、海豚以及蝙蝠等都有着超乎人类的耳朵，也因此可以听到超声波。

主动声呐 ▶

主动声呐技术是指声呐主动发射声波"照射"目标，而后接收水中目标反射的回波以测定目标的参数。它主动地发射超声波，然后收测回波进行计算，适用于探测冰山、暗礁、沉船、海深、鱼群、水雷和关闭了发动机的隐蔽的潜艇

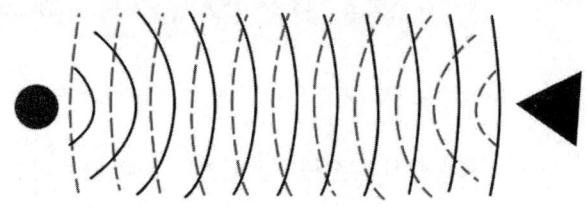

◀ 被动声呐

被动声呐技术是指声呐被动接收舰船等水中目标产生的辐射噪声和水声设备发射的信号，以测定目标的方位。它收听目标发出的噪声，判断出目标的位置和某些特性，特别适用于不能发声暴露自己而又要探测敌舰活动的潜艇

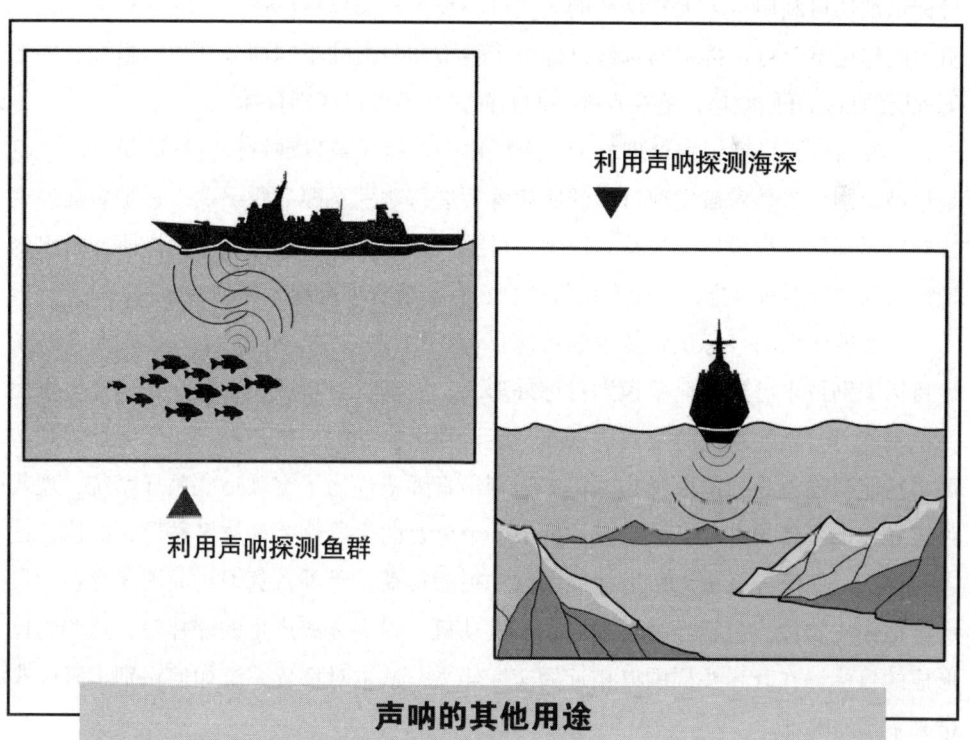

利用声呐探测海深 ▼

▲ 利用声呐探测鱼群

声呐的其他用途

167

目标识别技术

067

无论是哪种侦察手段，其首要任务都是及时发现目标，以便做出相应部署。在部署作战方案的时候，如果能掌握目标的类型和特点，自然事半功倍。因此，识别目标就成了发现目标后的首要任务。侦察设备在发现目标后，需要通过对信号、图像等进行特征分析，与特征库中的数据进行比对，从而辨别出目标的类型和敌我属性，为指挥者提供策略依据。

目标识别技术最早出现于20世纪50年代末期，美国人用单脉冲雷达跟踪并记录了苏联发射的第二颗人造地球卫星的回波，通过对回波信号的分析，确认了苏联卫星的构造特点。

目标识别的基本原理是利用雷达回波中的幅度、相位、频谱和极化等目标特征信息，通过数学上的各种多维空间变换来估算目标的大小、形状、重量和表面层的物理特性参数，最后根据大量训练样本所确定的鉴别函数，在分类器中进行识别判决。目标识别还可利用再入大气层后的大团过滤技术。当目标群进入大气层时，在大气阻力的作用下，目标群中的真假目标由于轻重和阻力的不同而分开，轻目标、外形不规则的目标开始减速，落在真弹头的后面，从而可以区别目标。

一般而言，目标识别处理分为三个层次：一是对被发现目标特征的辨别，也就是类型识别；二是对被发现目标的所属阵营进行辨别，即敌我识别；三是对被发现目标所属部门进行辨别，为番号识别。目标识别的三个层次是根据目标所暴露出的特征信息进行不断收集，将所有情报整合在一起后合理推理才能确定的。

最常被使用的目标识别技术的雷达目标识别技术。从20世纪50年代至今，雷达目标识别技术已经从简单识别目标外形，发展到具有特征、所属、真伪等多方面的识别能力。比如现代防空雷达基本都能识别出典型的飞机型号，而反弹道导弹防御雷达能从弹道导弹的多弹头诱饵中识别出真弹头。为了突破这些反导系统，现代弹道导弹都具备先进的突防手段，其中一个重要的手段就是释放多种形式的诱饵或者假弹头，使反导系统无所适从或者增加拦截负荷。另外，真弹头周围还存在大量的其他伴飞物体，包括导弹的末级火箭发动机、弹头分离产生的碎片等，这些物体形成的目标群在真弹头周围以相近的速度伴飞，这也对反导系统如何识别出真弹头带来不小的困难。

利用目标的动态特点来进行识别，比如飞机的螺旋桨、直升机的旋翼等结构会进行周期运动，从而被雷达探测到有周期的回波

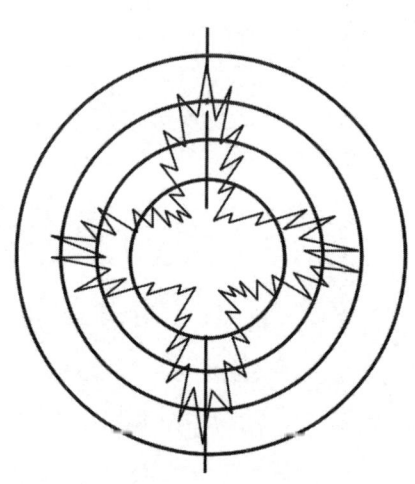
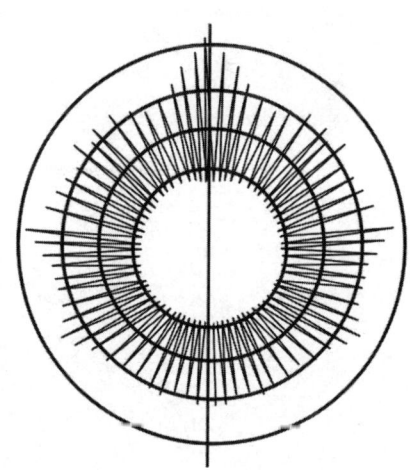

雷达反射截面积是指目标对雷达波的反射截面大小，雷达反射截面积越大就越容易被雷达探测到